월별로 구성된

식품재료의 모든 것

윤숙자 · 최은희 공저

제철의 음식을 먹고 산다는 것은 어떤 보약을 먹는 것보다 우선이며 영양과 함께 그 계절의 기(氣)를 섭취하는 것이니 우리 몸에 면역체를 형성하여 질병 없는 행복한 삶을 누릴 수 있게 해줍니다.

백산출판사

머리말

우리는 봄, 여름, 가을, 겨울의 사계절이 있어서 그때마다 나오는 식재료를 이용하여 음식을 만들어 먹음으로써 건강한 삶을 영위하고 있습니다.

제철의 음식을 먹고 산다는 것은 어떤 보약을 먹는 것보다 우선이며 영양과 함께 그 계절의 기(氣)를 섭취하는 것이니 우리 몸에 면역체를 형성하여 질병 없는 행복한 삶을 누릴 수 있게 해줍니다.

당나라의 유명한 명의 손사막은 "병이 났을 때는 우선 음식으로 다스려보고, 그래도 병이 회복되지 않을 때 비로소 약을 쓴다"라고 하여 음식의 중요성을 강조하였습니다.

모쪼록 사계절, 월별로 나오는 식재료를 사용하여 자연의 순리에 따라 제철음식을 만들어 먹음으로써 건강한 삶을 영위하시기 바라며 이 책을 소개합니다.

2016. 09

저자 일동

차례

Contents

식품재료의 모든 것

식품재료의 모든 것 1월

퇴행성 관절염에 좋은 가자미

혈관질환 예방에 탁월한 효능을 자랑하는 과메기

야맹증에 좋은 당근

콜라겐이 많아 피부미용에 최고인 아귀

마음을 진정시켜 스트레스를 풀어주는 겨울철 영양식 연근

퇴행성 관절염에 좋은 가자미(Flatfish)

1. 역사이야기

가자미는 가자미목 가자미과 어류의 총칭으로 넙치(광어)과 · 붕넙치(가자미)과 · 납서대과 · 참서대과의 4과로 나누기도 하며, 넙치류는 회로 이용, 서대류는 건어로 이용되어 왔다. 한자어로는 비목어(比目魚) · 접(鰈) · 혜저어(鞋底魚) · 판어(版魚) · 겸(鰜) · 좌개(左介) 등으로 다양하게 불리며 우리나라의 중요한 수산자원으로 이용되고 있다.

가자미는 수심 150m 이내 바다의 갯벌이나 모래 바닥에서 서식하며 몸은 타원형으로 납작하고 눈은 오른쪽에 몰려 있는 특징이 있어 왼쪽에 눈이 몰린 넙치류와 구분되기도 한다. 우리나라 전 연해, 일본 연해, 황해, 대만 등에 250종에 이를 정도로 다양한 종류가 분포되어 있으며, 우리나라에서는 30여 종이 주로 남해와 동해에서 많이 잡힌다.

가자미에 대한 기록이『동의보감』에서

가자미는 등푸른 생선에 비해 지방이 적고 맛이 깔끔하면서 담백하다. 다른 생선보다 단백질이 20% 이상 많은 고단백 식품으로 다이어트에 좋으며, 불포화지방산을 풍부하게 함유하고 있어 고혈압과 동맥경화를 예방하는 효과가 있다.

는 성질이 평(平)하고 맛이 달며 독이 없고 허한 기력을 보하여 많이 먹으면 기를 동(動)하게 한다고 하여 가자미가 기를 보하는 식품으로 사용되어 왔음을 알 수 있다. 옛날부터 함경도 지역에서는 무를 넣고 발효시킨 가자미식해를 즐겨먹어 왔다. 그리고 『지봉유설』에서는 가자미가 동해에서 많이 잡히기 때문에 우리나라를 '접역(鰈域, 가자미 모양으로 생긴 지역이라는 뜻, 또는 가자미가 많이 난다 하여 한때 우리나라를 이르던 말)'이라 기록하고 있으며, 『전어지』에는 "가자미는 동해에 나며 서 · 남해에도 있는데 이것은 동해에 많이 나는 것과는 다르다"라고 표현하기도 했다. 또한 『우해이어보』의 「주서(周書)」에는 "비목어가 동해에 나는데 그 이름이 겸이다. 옛 선비들이 겸을 접이라 하였는데 지금 보니 그 종류가 매우 많다"라고 하였다.

2. 영양과 효능

가자미는 등푸른 생선에 비해 지방이 적고 맛이 깔끔하면서 담백하다. 다른 생선보다 단백질이 20% 이상 많은 고단백 식품으로 다이어트에 좋으며, 불포화지방산을 풍부하게 함유하고 있어 고혈압과 동맥경화를 예방하는 효과가 있다. 특히 산란기 때 가자미의 알과 간에는 비타민 A가 풍부하여 시력강화와 노화를 막아주며, 껍질에 풍부한 콜라겐과 아미노산은 거칠어진 피부에 좋다.

가자미의 살 부위는 비타민 B_1, B_2, D가 풍부한데, 비타민 B_1은 뇌와 신경에 필요한 에너지를 공급하여 뇌를 활성화시키고 소화와 근육, 심장기능을 증진시켜 스트레스를 많이 받는 사람에게 좋으며, 비타민 D는 뼈와 치아를 구성하는 칼슘의 활동을 도와 뼈의 형성에도 도움을 준다. 또한 가자미에는 셀레늄(selenium, Se)이 풍부하여 면역력을 높이고 세포를 노화시키고 암을 유발하는 활성산소를 제거하는 효과가 있으며, 관절염의 붓기와 통증 완화에도 효과가 있다는 연구보고가 있다.

특히 무의 비타민 C와 소화효소의 가수분해를 이용해 만들어지는 가자미식해는 퇴행성 관절염과 같은 질환을 예방하며 뼈의 노화를 늦춰준다는 연구보고가 있는데, 이는 가자미식해에 들어가는 부재료에 의해 가자미에는 없는 베타카로틴이나 식이섬유를 보충할 수 있으며, 가자미 껍질에 풍부한 콜라겐 성분이 흡수되기 쉬운 형태가 되어 연골형성에도 도움을 줄 수 있기 때문인 것으로 나타났다.

3. 음식궁합

YES

무 : 가자미를 이용한 음식 중 식해는 가열과정을 거치지 않고 만드는 것으로 여기에 무를 넣으면 무의 소화효소와 비타민 C가 파괴되지 않기 때문에 식해가 잘 삭는다.

피망 : 가자미에 함유되어 있는 비타민 E와 피망의 베타카로틴은 지용성 항산화 물질로 몸의 세포들을 건강하게 만들어주기 때문에 함께 섭취하면 면역력 증가에 도움이 된다.

쑥 : 향긋한 쑥 향이 생선의 비린 맛을 없애주면서 국물이 시원해지고 개운해져서 숙취해소에 좋다.

4. 재료이야기

1) 종류

- 참가자미 : 가을에서 겨울이 제철로 맛이 가장 좋으며 광어(넙치)와도 유사하게 생겼다. 함경도에서 전해 내려오는 '가자미식해'의 재료로 이용되나 양식이 되지 않고, 어획량이 적어 문치가자미를 대신 사용하기도 한다.
- 문치가자미 : 가자미류 중 연안에서 낚시에 가장 흔히 잡히는 어종으로 여름에 특히 맛이 좋으며 참가자미와 매우 비슷하게 생겼으나, 두 눈 사이에 비늘이 있어 참가자미와 구별된다. 건어물, 회, 조림, 찜, 구이 등의 재료로 이용한다.
- 돌가자미 : 매끄러운 피부에 골질의 돌기가 있어 돌가자미로 불리며, 크기는 약 40cm에 이른다.
- 홍가자미 : 일본 북부에서 캄차카 반도까지 분포하며, 송곳니 같은 이빨이 있는 것이 특징으로 어획량이 적어 고급생선으로 분류된다.
- 도다리 : 눈과 눈 사이에 돌기가 있으며 형태가 마름모꼴로 봄이 제철이다. 광어(넙치)와 생김새가 유사하나 '좌광우도'라 하여 광어는 눈이 왼쪽에 도다리는 눈이 오른쪽에 모여 있다.

2) 재료 구입법

윤기가 나며 비늘이 단단히 붙어 있고 냄새가 나지 않아야 하며, 배 쪽이 하얗고 투명하며 탄력 있는 것으로 고른다. 가자미 중에서도 고급인 참가자미는 함경도 지방에서 가자미식해를 만들 때 사용되는데 일반 가자미와 구별할 수 있는 특징으로 눈이 있는 쪽은 청갈색이며, 눈이 없는 쪽은 흰 바탕에 등 쪽과 배 쪽 가장자리는 노란색을 띠고 있다.

3) 재료 보관법

가자미의 보관온도는 1~5℃가 적당하며 2일 이상 보관하지 않는 것이 좋다. 장기보존 시에는 가자미의 내장을 제거하고 깨끗이 씻어 냉동보관하거나, 바람이 잘 통하고 햇살 좋은 곳에서 바싹 말려 사용하는 것이 좋으며, 덜 마른 것은 조려 먹기도 한다.

5. 맛있는 조리방법

- 가자미구이 : 반건조된 가자미를 구입하여 비스듬히 칼집을 넣은 다음 소금 간을 하였다가 튀김가루를 고르게 입힌 후 달구어진 팬에 기름을 두르고 구워낸다. 이때 버터를 이용하여 구워내기도 한다.
- 가자미조림 : 손질한 가자미에 약간의 소금 간을 하고 무, 양파, 청고추 등을 알맞게 썰어 준비한 뒤 고춧가루양념장을 만든다. 손질한 가자미와 재료들을 넣고 고춧가루양념장으로 조려낸다.
- 유자청 가자미탕수 : 건조된 가자미를 준비하여 녹말가루를 입혀 튀겨낸다. 노랑 · 빨강 파프리카, 청고추, 양파를 먹기 좋게 썰고 유자청을 넣어 탕수소스를 만든다. 튀긴 가자미와 채소에 탕수소스를 얹어낸다.
- 가자미식해 : 참가자미를 구입하여 손질 후 먹기 좋은 크기로 썰어 꾸덕꾸덕 말린다. 메좁쌀은 밥을 지어 놓고 무도 가자미 크기와 비슷하게 썰어 소금에 절여 물기를 꼭 짠다. 엿기름은 고운체로 내려 가루만 준비한다. 꾸덕하게 말린 가자미와 무, 메좁쌀밥, 고춧가루, 엿기름을 고루 섞고 소금으로 간을 하여 서늘한 곳에서 삭힌다.

- 가자미회 : 가자미는 껍질과 지느러미를 제거하고 얇게 포를 뜨며, 크기가 작은 가자미는 뼈째로 썰어 세꼬시를 만들기도 한다.
- 가자미물회(국수, 회덮밥) : 물가자미는 비늘과 지느러미를 제거한 뒤 뼈째로 얇게 썰어내고, 양파, 미나리, 고추 등의 채소를 넣고 양념장을 넣어 기호에 따라 비벼 먹는다. 남은 양념장에 밥이나 면을 비벼서 먹기도 한다.
- 가자미미역국 : 불린 미역을 참기름으로 볶다가 물을 붓고 국간장으로 간을 한 다음 손질한 가자미를 넣고 끓여낸다.
- 가자미전 : 가자미를 손질하여 얇게 포를 뜨고 소금, 후추로 간을 한 후 밀가루와 달걀옷을 입혀 전을 지져낸다.
- 가자미죽 : 가자미는 손질하여 찜통에 쪄낸 후 살을 발라내고 불려 놓은 쌀과 함께 죽을 쒀내는데 아이들 이유식과 보양식으로도 좋다.
- 가자미찜 : 생물가자미나 말린 가자미를 이용하며, 손질한 가자미를 찜통에 쪄낸 후 고추장이나 간장 양념장을 올려낸다.

가자미조림

이것이 궁금해요? Q&A

Q 광어와 도다리(가자미)는 어떻게 구분할 수 있나요?

A '左광右도'라는 말이 있는데 이는 광어는 눈이 왼쪽에 도다리(가자미)는 눈이 오른쪽에 몰려 있다는 말로 광어와 도다리를 구별할 때 요긴하게 쓰입니다. 또 광어는 가자미 종류에 비해 입이 크고 날카로운 이빨이 돋아 있는 것이 특징적이라고 하네요.

재미있는 음식이야기

- **손해 보고 못 사는 가자미 "상제가 울어도 제상에 가자미 물어 가는 것은 안다"**

우리 속담에 "상제가 울어도 제상에 가자미 물어 가는 것은 안다"는 말이 있는데, 이는 정신 없어 보이는 사람도 제 속셈은 다 있다는 말이다. 즉 자기의 손해에 대해서는 언제, 어디서나 민감한 것을 비유하여 이르는 말이다.

혈관질환 예방에 탁월한 효능을 자랑하는

과메기(Gwamegi)

1. 역사이야기

과메기라는 명칭은 청어의 눈을 꼬챙이로 꿰어 말렸다는 관목(貫目)에서 유래하였는데, '목'을 구룡포 방언으로 '메기'라고 발음하여 관목이 '관메기'로 변하고 다시 'ㄴ'이 탈락하면서 '과메기'로 굳어진 것이다.

과메기는 갓 잡은 신선한 꽁치나 청어의 내장을 꺼내고 영하 10℃ 의 냉동상태에 두었다가 12월부터 바깥에 내걸어 자연상태에서 냉동과 해동을 거듭하며 꾸덕꾸덕하게 말린 것으로 쌈채소에 마늘, 쪽파, 미역줄기, 김 등을 함께 싸서 초고추장에 찍어 먹으면 쫄깃하고 특유의 고소한 맛을 즐길 수 있는 겨울철 별미식품이다. 옛 선조들은 과메기를 냉훈법으로 건조시켰는데 11월 이후 잡힌 꽁치를 살짝 얼린 다음 짚으로 엮어 농가 부엌의 살창에 걸어 아궁이의 연기로 향을 배가시켰으며, 이렇게 완성된 청어과메기는 궁중에 진상되었다고 한다.

지방질이나 단백질이 풍부한 생선을 공기 중에 장기간 두면 산패하게 되는데, 꽁치는 껍질이 막처럼 살을 싸고 있어 산패 없이 숙성되며 잘 숙성된 과메기는 꽁치의 기름내가 맑고 살코기는 씹을수록 고소한 것이 특징이다.

『규합총서』에는 "비웃(청어)을 들고 비추어 보아 두 눈이 서로 통하여 말갛게 마주 비치는 것을 말려 쓰면 그 맛이 기이하니"라고 기록되어 있다.

겨울철 별미로 자리 잡은 과메기는 경상북도 포항의 구룡포가 가장 유명하며, 주재료인 청어는 우리나라 동서해와 일본 북부지역 등에 분포하고 있는데, 청어 특유의 비린내로 인해 처음에는 꺼려지기도 하나 그 특유의 고소함과 풍미에 반해 즐겨 찾는 사람들이 증가하여 경상도 일부 지역에서만 즐겨 먹던 것이 전국적으로 유통되고 있다. 그러나 지금은 아궁이가 사라지면서 부엌 봉창 대신 바닷가에 과메기 덕장이 생겨났고 1960년 이후 청어 생산량이 급격히 줄어들면서 청어를 대신해 꽁치로 과메기를 만들고 있다.

2. 영양과 효능

지방질이나 단백질이 풍부한 생선은 공기 중에 장기간 두면 산패하는데, 앞서 청어 대신 과메기의 재료로 사용한다고 소개했던 꽁치는 껍질이 막처럼 살을 싸고 있어 산패 없이 숙성되며 잘 숙성된 것은 기름내가 맑게 나고 살코기는 씹을수록 고소한 것이 특징이다.

과메기는 건조과정에서 오메가3나 DHA(docosa hexaenioc acid)양이 더욱 증가되고, 이러한 성분들은 혈중 콜레스테롤을 조절하여 혈관질환 예방과 혈관확장에 영향을 미쳐 혈액순환을 촉진하고 성장기 아이들의 발육에 도움을 주며, 핵산이 풍부하여 피부노화, 체력저하, 뇌 기능 쇠퇴방지에 효능이 있는 것으로 알려져 있으며, 청어에 풍부한 비타민 E는 노화 예방에도 효과가 크다.

뼈를 발라내고 껍질을 벗긴 과메기에는 비린 맛을 잡아주기 위하여 생미역, 마늘편, 실파, 풋고추, 초고추장(고추장, 식초, 설탕, 다진 마늘, 통깨, 참기름)과 김을 곁들이기도 하는데, 이때 곁들여 먹는 채소는 비린 맛뿐만 아니라 영양을 더욱 증진시켜 음식의 맛을 돋우는 역할을 한다.

3. 음식궁합

YES	
	소주 : 과메기를 안주로 소주를 마시면 과메기의 아스파라긴 성분 때문에 알코올을 섭취해 불편해진 속이 다소 편안해지고 갑자기 취하지 않는다. **쑥 :** 여린 쑥으로 국을 끓일 때 과메기를 같이 넣어주면 쑥 특유의 쓴맛을 청어의 기름기가 잡아주어 맛이 증가된다. **물미역 :** 물미역은 과메기의 콜레스테롤과 과다한 중성지방의 배출을 도와 각종 성인병 위험을 예방한다. **마늘 :** 과메기와 같은 어류에는 비타민 B_1을 파괴하는 효소가 있는데 마늘을 함께 먹으면 비타민 B_1을 보충할 수 있다. **배추, 실파 :** 항산화물질이 많은 배추나 실파는 과메기를 만들 때 건조과정에서 생기는 과산화지질의 부작용을 방지하는 효과가 있다.

NO	
	자두 : 청어와 함께 먹으면 식중독 위험이 있다.

4. 재료이야기

1) 종류

- 청어과메기 : 겨울철에 냉동상태의 청어를 내다 걸어 3~10일 동안 얼리고 녹이기를 반복하여 말린 것으로 주로 경상북도 지방에서 먹던 음식이다.
- 꽁치과메기 : 1890년대부터 청어의 어획량 부족으로 포항 죽도시장의 덕장에서 청어를 대신하여 꽁치로 과메기를 만들고 있다.
- 짜배기, 배지기 : 통으로 말리던 과메기 제조법에서 1990년 말부터 꽁치를 반으로 갈라 말리고 있

는데, 이렇게 말리면 사나흘이면 먹을 수 있어 간편하고 식감이 쫀득하다는 장점이 있다. 이 두 종류의 과메기를 구별하여 통으로 말린 것은 '통말이', 반으로 자른 것은 짜배기, 배지기라 부른다.

2) 재료 구입법

기름이 상하거나 질척하지 않고 암적색의 약간 붉은빛을 띠고 적당히 마른 것이 좋다. 통통하고 살이 단단한 것을 고르며, 잘 마른 과메기는 육질이 투명하고 맑은 기름 냄새가 나는 것이 상품이다. 과메기는 오래 보관할수록 색이 검어지고 비린내가 심해진다. 청어의 어획량이 줄어 꽁치로 만든 과메기가 유통되고 있는데 청어로 만든 과메기는 꽁치과메기보다 기름기가 많아 윤기가 나며 살이 더 많은 특징이 있다. 꽁치를 해풍에 자연건조하는 것이 아니라 건조기로 하루 만에 말린 과메기도 유통되고 있으나 이를 구별하기는 쉽지 않다. 구룡포 과메기는 특구로 지정되었고 지리적 표시를 인증받아 포항 구룡포 과메기 외에는 이 명칭을 사용하지 못하게 되어 있으므로 구입 시 인증표시를 확인한다.

3) 재료 보관법

구입 후 3일 이내에 과메기를 먹어야 제맛을 느낄 수 있으며, 냉장고에 과메기를 오래 보관하면 곰팡이가 생길 수 있으므로 구매 후 랩이나 위생봉지에 밀봉하여 냉동보관하는 것이 좋다. 특히 지방질이 많은 과메기는 공기 중에 두면 산패되므로 물에 씻지 않고 랩으로 먼저 싸고 신문지에 다시 싸서 냉동실에 보관한다.

5. 맛있는 조리방법

- 과메기회무침 : 과메기는 내장을 정리하여 한입 크기로 자르고 무채, 오이, 당근, 깻잎 등의 채소를 채 썰어 넣고 초고추장으로 무쳐낸다.

• 과메기구이 : 고추장과 마늘, 파 등의 재료를 섞어 양념장을 만들어 과메기에 발라 팬에 구워준다.
• 과메기보쌈 : 깻잎, 고추, 미나리 등을 먹기 좋은 크기로 썰어 과메기와 된장을 넣고 버무려 백김치 잎에 적당량 올려 말아준다.
• 과메기초밥 : 따뜻한 밥에 배합초를 넣고 밥을 한 수저 뭉쳐 와사비를 조금 올리고 알맞게 자른 과메기와 깻잎, 실파를 올려 김으로 둘러준 뒤 와사비간장을 곁들여 낸다.
• 과메기튀김 : 과메기를 적당한 크기로 썰고 튀김가루에 얼음물로 반죽을 만들어 과메기에 반죽옷을 입힌 후 170℃에서 노릇하게 튀겨준다.
• 과메기김밥 : 따뜻한 밥에 소금과 참기름으로 간을 하고 김 위에 밥을 펴고 깻잎을 두 장을 편 다음 단무지, 오이, 청양고추 다진 것에 볶은 당근과 3등분한 과메기를 올려 말아준다.
• 과메기조림 : 과메기는 꼬리를 자르고 반을 구부려 껍질을 벗긴 후 손으로 잘게 찢고 팬에 기름을 약간 둘러 과메기를 넣고 볶다가 청주와 다진 마늘을 넣어 비린 맛을 없앤 후 고추장양념장을 넣고 버무려 조린다.

과메기보쌈

이것이 궁금해요? Q&A

Q 과메기조림을 할 때 과메기의 비린 맛을 줄일 수 있는 방법은 없을까요?

A 짭조름하게 말려 쫄깃하게 씹히는 맛이 일품인 과메기는 특유의 비린 맛을 가지고 있기 때문에 마늘, 생강, 청주로 밑간을 하듯이 먼저 볶은 후 조림장에 버무려 양념을 하면 비린 맛을 줄이는 데 효과적입니다. 초고추장을 만들 때 다진 마늘과 생강즙을 첨가하는 것도 비린 맛을 줄이는 데 도움이 된다고 하네요.

재미있는 음식이야기

• 과메기의 유래

재담집『소천소지(笑天笑地)』에 동해안의 한 선비가 한양으로 과거를 보러 가던 길에 바닷가 나뭇가지에 청어가 눈이 꿰인 채로 얼었다 말려 있는 것을 먹었는데 그 맛을 잊을 수 없어 집에 돌아와서도 겨울마다 청어의 눈을 꿰어 말려 먹었는데 이것이 과메기의 기원이 되었다고도 하고, 뱃사람들이 배 안에서 먹기 위해 배 지붕 위에 청어를 던져놓던 것이 얼었다 녹았다를 반복하여 저절로 과메기가 되었다는 설도 있다.

야맹증에 좋은 당근(Carrot)

1. 역사이야기

당근은 쌍떡잎식물 산형화목 미나리과의 두해살이풀로 대표적인 유색 근채류이다. 원산지는 서아시아의 아프가니스탄으로 추정되며 우리나라를 비롯하여 전 세계적으로 널리 재배하는 식품이다.

당근의 품종은 아시아형과 유럽형으로 구분되며, 아시아형은 실크로드를 거쳐 중국에 정착되었고 유럽형은 페르시아를 통해 정착되었다. 우리나라에서는 재배의 역사가 비교적 짧은 채소로 중국에서 전래되었으며 당나라 시대에 들어왔다 하여 당근 또는 홍당(紅唐)무라 하였으며, 한자어로는 당나복(唐蘿蔔) · 호나복(胡蘿蔔) · 홍나복(紅蘿蔔)이라고 하였다.

문헌상의 기록으로는『재물보(才物譜)』와『임원경제지(林園經濟志)』에 처음 나타나는데 과거에는 당근을 말의 사료로 알고 사람들이 별로 즐기지 않았다고 하였으며,『임원십육지』에는 "호나복제방(胡蘿蔔虀方)이라 하여 당근을 얇게 편으로 썰어 채썬 생강, 귤피에 소금과 식초를 넣고 섞어 절여

당근은 90%의 수분과 8%의 당질로 구성되어 있는데, 당질로는 설탕과 맥아당·과당 등의 환원당을 가지고 있어 감미가 있고 다른 채소에 비하여 칼로리가 높은 편이다.

먹었다"고 기록하고 있다.

그러나 당근은 고대 그리스와 로마시대에는 해독제로 쓰이기도 하였으며, 인삼재배가 어려운 일본에서는 인삼에 버금가는 약재료로 사용되기도 하였는데, 한방에서는 당근을 학풍(鶴風)이라 하며 약재로 이질, 백일해, 해수, 복부팽만의 치료제로 사용하였으며, 『본초강목』에서는 "중(中)을 보(補)하고 장위(腸胃)에 좋고 오장(五臟)을 편안하게 하여 소화를 잘되게 한다"고 기록하고 있다.

당근은 뿌리의 외형으로 소형종, 중형종, 대형종의 세 종류로 분류할 수 있는데 지름 3cm 내외의 공처럼 둥근 계통과 길이가 약 9cm 정도인 세 치 당근, 15cm 내외인 다섯 치(5촌) 당근은 소형종에 속하며, 지름이 4～5cm이고 길이가 50cm에 이르는 대형종인 롱오렌지(long orange)종이 있는데, 우리나라에서는 주로 세 치 당근과 다섯 치 당근이 재배되고 있다.

2. 영양과 효능

채소류 중에서 카로틴(carotene) 함량이 높은 것을 녹황색 채소 또는 유색 채소라고 부르는데 당근은 대표적인 녹황색 채소로 피부미용 및 노화방지와 더불어 암의 발생이나 암세포의 증식을 억제하는 데 효과적인 식품이다.

당근은 90%의 수분과 8%의 당질로 구성되어 있는데, 당질로는 설탕과 맥아당 · 과당 등의 환원당을 가지고 있어 감미가 있고 다른 채소에 비해 칼로리가 높은 편이다.

당근의 노란 색소성분인 카로틴은 탁월한 항암작용과 활성산소를 제거하는 작용이 뛰어나며, 눈점막의 저항력을 증가시켜 시력을 보호하고, 야맹증 개선, 세포노화 방지 기능과 피로회복에 좋은 성분으로 동물체내에 흡수 시 장점막(腸粘膜)에서 비타민 A로 전환되기 때문에 프로비타민 A라 불리기도 한다. 이러한 카로틴은 당근을 생식할 경우 흡수율이 10% 이내로 낮지만 조리 시 30~50%까지 흡수율이 상승하며 지용성 비타민으로 분류되기 때문에 기름으로 조리 시 영양분의 흡수율이 높아진다.

당근에는 비타민 B_1, B_2, C가 풍부한데 아스코르비나아제(ascorbinase)라는 산화효소도 함께 가지고 있어 비타민 C를 파괴하기 때문에 비타민이 많은 식품과 함께 먹을 때에는 당근을 익히거나 식초를 사용해 산화효소를 불활성화시키는 것이 좋다. 그 외에도 칼슘(Ca), 마그네슘(Mg), 인(P) 등의 무기질이 다량 함유되어 있으며, 인보다 칼슘의 함량이 많아 알칼리성 식품으로 분류된다. 또한 칼륨(K)성분은 신경의 흥분과 근육섬유의 수축을 조절하여 스트레스로 인한 초조감과 불안감을 없애는 데 도움을 줄 수 있다.

3. 음식궁합

YES

사과 : 카로틴과 비타민 A가 풍부한 당근과 비타민 C와 칼륨을 많이 함유하고 있는 사과를 함께 섭취하면 이 둘이 가지고 있는 여러 비타민들의 효능을 향상시켜줄 뿐만 아니라 펙틴(pectin)성분의 효과 또한 높아져서 대장의 기능들이 정상적으로 작용하는 데 큰 도움이 되어 변비에도 효과적이라고 한다.

고추 : 고추에는 베타카로틴과 비타민 A가 풍부한데 이 성분들 역시 기름으로 조리하면 체내 흡수율이 더 높아지기 때문에 지용성 비타민을 가지고 있는 당근과 궁합이 잘 맞는다고 할 수 있다.

마 : 마에는 소화효소인 아밀라아제(amylase)와 단백질의 소화를 돕는 루틴(rutin)이 있고, 당근에는 정장작용을 하는 펙틴이 있어서 마와 당근은 소화를 촉진하는 데 상호 보완작용을 한다.

기름 : 당근에 들어 있는 카로틴은 지용성 비타민으로 기름으로 조리 시 소화흡수율이 높아진다.

레몬 : 레몬 속의 구연산이 당근에 들어 있는 비타민 C를 분해하는 효소의 작용을 억제하기 때문에 더욱 좋다. 피로회복에도 효과적이다.

NO

오이 : 당근에는 비타민 A의 모체인 카로틴이 풍부하지만 당근에 함유된 아스코르비나아제(ascorbinase)성분이 오이의 비타민 C를 파괴한다. 두 재료를 함께 쓸 경우 비타민 C 파괴를 막기 위해서는 식초를 미리 첨가하는 게 좋다.

무 : 무와 당근을 함께 갈면 당근에 있는 아스코르비나아제(ascorbinase)라는 효소에 의해 무에 포함된 비타민 C가 파괴된다.

4. 재료이야기

1) 종류

국내산 당근 가운데 품종이 국산인 경우는 전체의 3%에도 미치지 못하고 있는데 지금까지 국내에서 개발된 품종 가운데 '봄맞이'와 '무쌍' 등 2종류가 가장 우수하였으나 90년대 초반 일본산에 밀려 지금은 시장에서 거의 사라진 상태이다. 당근의 주요 재배지인 제주와 남부 지방의 당근 가운데 국산은 없는 실정이나 국산 품종의 다양성을 위하여 화니, 속노랑당근(황금색), 아이아퍼플(자색), 아시아베이비(미니당근) 등이 개발되고 있다.

2) 재료 구입법

전체적으로 크기가 일정하며 색이 짙으면서 일정하고 잔뿌리가 없으며 통통한 것이 좋으며, 표면이 매끄럽고 윤기가 있고 잘라 보았을 때 선홍색이 중심부까지 착색되어 있는 것을 고른다. 심이 없고 육질이 연하고 감미가 있는 것이 좋은데, 단단하고 뿌리 끝이 가는 것이 심이 적고 조직이 연하다.

당근은 추운 겨울과 여름철의 심한 더위도 잘 견뎌내는 작물로 일 년 내내 구입이 가능하며, 국내 생산 동향을 살펴보면 12월부터 다음해 5월까지는 주로 제주도산 당근이 시장에 유통되고, 6월부터 8월까지는 부산 등 경남 지방에서 생산되는 당근이, 9월부터 11월까지는 강원도 고랭지 당근이 시장에 유통되고 있다.

3) 재료 보관법

당근은 육질이 무르지 않아 최적의 저장조건에서 6개월까지 장기 저장이 가능하며, 보관온도는 1~5℃가 좋고 실온에서도 마르지 않게 보관하는 것이 좋다. 냉장고에 보관할 때에는 깨끗이 씻어 밀봉하거나, 씻지 않고 흙이 묻은 채로 신문지에 싸서 보관하도록 한다.

5. 맛있는 조리방법

- 당근치즈전 : 당근과 채소는 곱게 채 썰어 부침가루와 피자치즈, 캔 옥수수를 볼에 담아 부침가루나 밀가루를 부어 전 반죽을 만든다. 팬에 기름을 두르고 전 반죽을 올려 노릇하게 굽는다.
- 당근대추탕 : 물 1L, 당근 100g, 대추 10g을 냄비에 넣고 은근하게 끓여낸다.
- 당근양파볶음 : 당근, 양파와 마늘은 곱게 채 썰고, 양파는 찬물에 헹구어 매운맛을 없앤다. 팬에 기름을 두르고 마늘과 양파를 먼저 볶다가 당근 채를 넣고 볶아 소금으로 간을 한다.
- 당근죽 : 멥쌀은 불려 적당히 으깨고 당근은 곱게 다진다. 냄비에 참기름을 두르고 쌀과 다진 당근을 넣어 볶다가 쌀의 6배 정도의 물을 부어 은근하게 끓여낸다.
- 당근초밥 : 당근, 밥, 생표고를 준비한다. 당근은 세척하여 껍질을 벗기고 필러로 얇게 슬라이스하여 소금, 식초, 설탕에 절여준다. 생표고는 잘게 다져 양념하여 볶는다. 단촛물을 만들어 따뜻한 밥과 표고버섯을 섞은 후 초밥 틀에 양념한 밥을 넣고 모양을 만든 다음 부드럽게 절여진 당근을 초밥의 크기에 맞게 잘라서 밥을 놓고 말아준다.
- 당근칩 : 당근을 깨끗이 손질해서 얇게 슬라이스 한 뒤 소금 간을 하여 물기를 제거한다. 종이타월로 물기를 완전히 제거한 당근은 170~180℃의 기름에 튀겨 갈릭파우더나 파슬리가루 또는 기호에 맞는 파우더를 뿌려 먹는다.

당근치즈전

이것이 궁금해요? Q&A

Q 당근 머리 쪽의 푸른 부분은 식용이 가능한 건가요?

A 푸른 부분이 많은 당근은 성장과정에서 햇볕을 많이 받아서 생성된 것이므로 푸른 부분이 많을수록 당근 특유의 단맛이 덜 나고 쓴맛이 납니다. 또한 심이 굵기 때문에 식용가능하지만 요리에 사용하기에는 다소 불편함이 있지요.

재미있는 음식이야기

• 당근에 관한 토막상식

- 앵글로색슨족들은 당근이 악마와 광기를 물리치는 약효가 있다고 여겼다.
- 트로이목마에 숨었던 그리스 병사들은 배설 욕구를 줄이기 위해 생당근을 먹었다.
- 1870년대 테헤란 남자들은 정력을 증진시키기 위해 설탕을 넣어 찐 당근을 먹었다.
- 하루에 당근 2개를 먹으면 칼슘 펙테이트(pectate)라고 하는 용해섬유 때문에 콜레스테롤 수치를 약 20% 낮출 수 있다.
- 로마인 침략자들은 여성 포로들의 성격을 온순하게 하기 위해 당근죽을 먹였다.
- 인도의 라자스탄 지역 여성들은 당근 씨앗에 피임성분이 있다고 여겨 먹기도 하였다.
- 당근과 뿌리를 진하게 달여 살충제로 쓰기도 한다.
- 제2차 세계대전 때 영국이 개발한 고카로틴 당근은 비행사들의 야간 시력 향상을 위해 사용되었다.

콜라겐이 많아 피부미용에 최고인 아귀(Anglerfish)

1. 역사이야기

아귀는 우리나라, 서태평양, 인도양 등에 널리 분포하는 어종으로 이름은 불교에서 악업(惡業)을 저질러 굶주림의 형벌을 받는 아귀(餓鬼)에서 유래된 것이다.

아귀는 이름에 걸맞게 큰 입과 날카로운 이빨을 가지고 있어 물고기를 통째로 잡아먹는 특성이 있으며, 비늘이 없고 흉하게 생겼는데 특이한 것은 대가리 위에 있는 등지느러미의 가시가 변태된 2개의 낚싯대 모양의 유인장치로 먹이를 유인해 잡아먹는 것이다. 이러한 아귀는 위가 절반을 차지할 정도로 커서 소화력이 매우 강한데 아귀의 배 속에는 미처 소화되지 못한 조기, 병어, 도미, 오징어 등의 고급어가 들어 있는 경우가 있어 "아귀 먹고 가자미 먹고"라는 속담이 생겼다고 한다.

위가 절반을 차지할 정도로 커서 소화력이 매우 강한 아귀의 배 속에는 미처 소화되지 못한 조기, 병어, 도미, 오징어 등의 고급어가 들어 있는 경우가 있어 "아귀 먹고 가자미 먹고"라는 속담이 생겼다고 한다.

『자산어보(玆算魚譜)』에는 '조사어(釣絲魚), 아구어(餓口魚)'라는 기록과 더불어 "큰 것은 2척 정도이고 모양이 올챙이 같다"는 아귀에 대한 기록이 남아 있다.

이빨밖에는 버릴 것이 없는 생선 아귀는 부르는 이름도 지역마다 다양한데 함경도에서는 망청어, 망챙이, 서해안에서는 꺽정이, 부산에서는 물꿩, 여수에서는 아꾸라고 불렀으며, 예전에는 그물에 걸리면 어부가 재수 없다며 버려 '물텀벙'이라는 별명이 붙기도 하였으나 보릿고개와 전쟁을 겪으며 먹을 것이 귀해지자 서민들의 식탁에 오르기 시작하면서 별미음식으로 자리 잡게 되었다.

아귀의 부위는 고기, 간, 위, 난소, 아가미, 지느러미, 껍질의 일곱 가지로 나눌 수 있는데 제각각 다양한 맛과 질감을 가지고 있다. 특히 잇몸 주변 부위는 탄력성이 뛰어나며, 내장 중 아귀간은 뛰어난 맛을 가지고 있어 아귀애탕을 만들기도 한다. 이러한 아귀는 주로 찜과 탕으로 즐겨 먹었는데, 마산에서는 찜, 인천에서는 탕으로 유명세를 떨치고 있다.

2. 영양과 효능

아귀는 비린 맛이 없고 살이 부드러우며 맛이 담백하여 복어와 쌍벽을 이룰 정도로 바다의 모든 영양소를 골고루 갖춘 식품이다. 아귀의 흰 살은 단백질과 아미노산(amino acid)이 풍부하며 타우린(taurine)과 DHA(docosa hexaenioc acid)가 풍부해 성장기 어린이의 두뇌 발달과 간 기능 회복에도 좋으며 특히 아귀의 간은 세계의 진미로 꼽히는 거위의 간인 푸아그라(foie gras)와 비교될 정도로 맛과 영양가가 높은데 특히 간에는 비타민 A가 집중되어 있어 눈의 점막기능 강화와 면역기능을 증진시키고, 항산화작용으로 눈 세포의 손상을 막아주는 효과가 있다.

그리고 아귀는 심해어(深海魚)의 특징을 가지고 있어 수분함량이 높고 지질과 콜레스테롤이 적어 저지방 · 저칼로리 식품으로 꼽히는데 아귀의 열량은 60kcal로 오징어나 닭고기보다 낮으며, 콜레스테롤 또한 오징어의 228mg(말린 오징어 625mg), 달걀 노른자 1개보다 현저히 낮다. 또한 비타민 B_3가 풍부한데 버섯이나 닭고기, 땅콩보다 약 2배 이상 들어 있어 스트레스 호르몬을 조절해 주며 심혈관질환과 알츠하이머(alzheimer's disease) 및 백내장을 예방하고 신경계 발달을 도우며, 비타민 D도 풍부해 면역력 증진과 뼈의 성장에 좋은 식품이다. 그 외에도 인과 철분이 혈액 속의 콜레스테롤을 저하시켜 고혈압을 막아준다.

아귀의 지느러미와 껍질에 콜라겐이 많아 익으면 젤라틴화되는데 콜라겐은 피부의 진피층을 도와 피부의 탄력을 유지시켜 주고, 주름을 개선하는 효과가 있어 피부미용에도 좋다.

3. 음식궁합

YES

무 : 아귀에 부족한 비타민 C를 보충해 주는 역할을 하며 단백질 분해효소가 들어간 식재료이기 때문에 아귀가 소화되는 데 도움이 된다.

미나리 : 비타민과 더불어 칼슘 등의 무기질이 풍부한 미나리는 아귀와 비슷하게 해열이나 혈압 강하 등의 효과가 있어 두 식재료를 함께 조리하면 좋다.

4. 재료이야기

1) 종류

- 황아귀 : 동해남부, 서해 남부, 남해, 동중국해에 주로 분포하며 크기는 1.5m에 이른다. 몸은 종편형으로 입이 크고 아래턱이 위턱보다 길며 혀 앞쪽에 황색 무늬가 없는 것이 특징이다. 등지느러미가 변형된 피질돌기가 달려 있어 먹이 유인장치의 역할을 하며 깊은 바다에 산다.
- 초롱아귀 : 태평양 · 대서양 · 인도양 등의 온대 및 열대 해역에 분포하는 심해어류로 수심 830m 이내의 깊은 곳에 서식한다. 수컷이 암컷에 비해 매우 작고 식용으로 이용되지는 않으나 형태학 및 생태학상 중요한 어류이다.

• 반건조아귀 : 아귀를 손질하여 반건조시킨 제품으로 생물에 비하여 가격이 저렴하고 사용이 간편하며 공급이 용이하다.

2) 재료 구입

아귀는 살이 단단하고 몸의 색이 검으며 냄새가 나지 않는 것을 고른다. 국산 아귀를 구입할 때에는 몸이 회갈색이며 입안과 지느러미는 붉고 배가 갈색 바탕에 흰색인 것이 좋으며, 유사재료로는 황아귀가 있는데, 입안이 모두 암색을 띠는 것으로 식별할 수 있다. 또한 아귀 간을 따로 빼내어 판매하는 경우가 있으므로 구입할 때 위장과 간이 붙어 있는지 반드시 확인하도록 한다.

3) 재료 보관법

아귀는 살, 아가미, 내장, 난소, 꼬리지느러미, 껍질 등을 모두 먹을 수 있다. 장기 보존할 때에는 칼등이나 칼로 체표의 점질물을 제거하고 씻은 다음 부위별로 분류하여 위생봉지에 넣어 냉동보관한다.

5. 맛있는 조리방법

• 아귀수육 : 아귀는 손질하여 내장을 분리한 다음 끓는 채소 물에 5~7분 정도 데쳐낸 후 익힌 콩나물과 미나리를 접시에 담고 아귀를 올린 후 소스를 곁들여 낸다.

• 아귀지리탕 : 아귀는 4cm로 썬 뒤 소금, 청주로 밑간을 하고, 냄비에 다시마육수를 올리고 아귀와 무, 미나리, 팽이버섯, 청 · 홍고추를 넣고 끓으면 소금으로 간을 한다.

• 아귀애탕 : 아귀 간은 소금물에 30분간 재워 핏물을 빼고 핏줄을 제거하여 1차 비린내를 제거하고, 다시마를 깔고 청주를 넣어 다시 한 번 비린내를 제거하여 손질해 둔다. 육수를 내어 아귀 위와 간을 넣고 10분간 끓인 후 콩나물 등의 채소를 넣어 끓이고 마지막에 미나리를 넣어 완성한다.

• 아귀찜 : 손질한 아귀는 흐르는 물에 깨끗이 씻은 후 사방 6~7cm 크기로 썰어 끓는 물에 데쳐낸다. 미나리, 대파, 미더덕, 콩나물을 손질하고 양념장을 만들어 아귀와 먼저 볶다가 콩나물과 미더덕을 넣고 국물이 자작하게 나오면 채소를 넣고 마지막으로 녹말물을 풀어 걸쭉하게 만든다. 아귀는 특성상 살이 부드러워 부서지기 쉬운데 살짝 데치거나 찌거나 소금물에 2시간 정도 절인 후 하루 정도 말렸다 사용하면 부서짐을 방지할 수 있다.

아귀찜

이것이 궁금해요? Q&A

Q 아귀를 먹을 때 가끔 모래가 씹혀요. 왜 그런가요?

A 아귀는 심해 바닥층에 서식하여 뻘지역, 암반지역, 모래지역 등에서 여러 생물을 가리지 않고 잡아먹는 잡식성이에요. 때문에 위(대창)부분에 간혹 모래나 뻘이 가득 들어 있는 경우가 있으므로 꼼꼼하게 세척하지 않으면 모래 등이 씹힐 수 있고, 또한 아귀 자체에는 비린내가 전혀 없으나, 위 같은 경우는 여러 생선들이 먹혀 소화되기 때문에 꼼꼼하게 세척하지 않으면 비린내가 날 수 있어요.

재미있는 음식이야기

• 바다의 푸아그라 아귀 간

아귀 간은 바다의 푸아그라라고 할 정도로 고소하고 진한 맛이 일품이다. 일본에서는 '안키모(あん肝)'라고 하여 이 간을 좋아해 산지에서는 아귀를 해체해서 말릴 때 간은 일본으로 수출했다고 한다. 아귀를 손질해 파는 상인도 간은 슬쩍슬쩍 따로 모아 팔기도 하고, 옛날에는 말만 잘하면 공짜로 얻기도 했다.

아귀 간은 특성상 열을 가하지 않은 상태에서 아주 부드러워 금세 조직이 깨질 수 있으므로 손질 시 주의해야 하는데 우선 아귀 간은 엷은 소금물에 살살 흔들어 씻어 체에 밭쳐두고 찜통에 소주나 청주를 붓고 물을 팔팔 끓여서 대파나 양파 등을 넣어 냄새를 잡아낸 뒤 찌거나 삶는다. 이렇게 익혀낸 아귀 간은 따뜻한 아이스크림을 먹는 것처럼 부드럽게 녹으면서 짜고 고소한 뒷맛을 남긴다.

1 월 식재료

마음을 진정시켜 스트레스를 풀어주는 겨울철 영양식
연근(Lotus Root)

1. 역사이야기

약명으로는 연우(蓮藕)라고도 한다. 원산지가 인도와 중국인 연근은 다년생 수생식물로 연못이나 늪, 논, 저수지와 같은 습지에서 자생하며, 연(蓮)의 지하경이 덩이를 형성하고 부피가 늘어난 것으로 단단하며 씹히는 맛을 가지고 있다. 연근은 잎, 꽃, 열매(연밥), 뿌리에 이르기까지 부위별로 모두 유용해서 식용과 약용으로 널리 이용되어 왔으며, 조리용 외에 생식용으로 사용되며 잎은 육류를 삶을 때 포장용으로 꽃은 차로 사용되는 등 그 쓰임새가 매우 다양하다.

연근의 효능에 대한 기록으로는 『동의보감』에 송나라 고관이 우연히 양의 피를 받아놓은 곳에 연근 껍질을 떨어뜨렸고 양의 피가 엉기지 않는 것을 보고 연뿌리가 뭉친 피를 흩뜨리는 성질이 있음을 알게 되었다는 설이 있으며,

연근은 잎, 꽃, 열매(연밥), 뿌리에 이르기까지 부위별로 모두 유용해서 식용과 약용으로 널리 이용되어 왔으며, 조리용 외에 생식용으로도 사용되며 잎은 육류를 삶을 때 포장용으로 꽃은 차로 사용되는 등 그 쓰임새가 매우 다양하다.

『본초강목』에는 열매인 연밥이 자양강화, 정신안정, 피로회복에 좋으며 약재로도 귀중하게 사용된다는 기록이 있다. 또한 조선시대 율곡 선생이 어머니 신사임당을 여의고 실의에 빠져 건강을 잃었을 때 '연근죽'으로 건강을 회복시켰다는 일화가 있다.『증보산림경제』에는 연근에서 얻은 녹말인 우분(藕粉)과 열매인 연밥의 껍질을 고운 가루로 만들어 멥쌀가루와 섞어 지은 연자죽에 꿀을 첨가하여 먹으면 몸이 가벼워지고 수명을 연장시킬 수 있다고 하였다.『임원경제지』「식생활편」"정조지"에는 "연잎으로 밥을 싸두면 더위가 닥쳐도 쉬지 않는다"고 기록하고 있다.

2. 영양과 효능

연근의 주성분은 녹말로 탄수화물 16%, 수분 80%, 단백질 2%, 비타민 C가 100g에 57mg, 인지질인 레시틴(lecithin)을 함유하고 있으며, 연근을 자르면 가는 실과 같은 끈끈한 점액질이 나오는데 이것은 당질과 결합된 복합단백질인 뮤신(mucin)으로 소화를 촉진하고 위벽을 보호하며 강장작용을 한다.

연근은 비타민 C와 폴리페놀(polyphenol), 클로로겐산(chlorogenic acid) 등이 풍부하여 항산화작용과 항암작용을 하며, 혈액의 순환과 생성을 돕고, 칼륨(potassium)이 고혈압을 예방하는 효과가 있다. 연근 속의 폴리페놀(polyphenol)과 탄닌(tannin)성분은 산소와 결합하여 갈변을 일으키고 쓴맛을 내며, 강한 수렴(收斂)과 소염(消炎)작용, 단백질 응고작용으로 지혈효과가 있으며, 점막조직의 염증을 낫게 하고 동맥경화의 예방과 설사, 구토를 멈추게 하는 효과가 있다.

또한 연근에는 진정(鎭靜)작용이 있어 피로를 풀어주며 불면증을 개선하여 숙면을 돕고, 껍질째 갈아 먹으면 감기 예방과 기침, 가래를 완화시키고 저혈압에도 효과를 나타내며, 술독을 풀어주는 효과가 있다고 한다.

그러나 과민성대장증세 또는 당뇨가 있는 경우 연근을 먹으면 속이 더부룩해질 수 있다. 갈증이 심한 경우에는 연근이 효과가 있을 수 있지만 소화기능이 약하거나 변비가 있는 경우에는 그 증상이 더 심해질 수 있으므로 체질에 맞게 섭취하는 것이 좋다.

3. 음식궁합

YES

생강 : 생강 특유의 알싸한 맛이 나게 하는 성분인 진저롤(gringerol)과 쇼가올(shogaols)은 여러 병원균이 활동하지 못하게 하는 효과를 가지고 있는데 연근과 함께 즙으로 내서 마시면 감기나 가래가 많이 끼는 등 호흡기가 약한 사람에게 좋다.

닭고기나 소고기 : 연근의 칼륨(K)성분이 콜라겐 조직화에 상승효과를 준다.

돼지고기 : 돼지고기에 함유되어 있는 단백질과 함께 섭취하면 조혈(造血)효과가 향상된다.

요구르트 : 스트레스 해소에 도움이 되고 머리가 아프고 나른하며 조금만 무리해도 코피가 잘 날 때 좋다.

매운 음식 : 연근의 타닌(탄닌), 뮤신성분은 위 점막을 보호해 주는 효과가 있기 때문에 매운 음식과 함께 먹으면 위를 보호해 준다.

아보카도 : 변비를 해소할 수 있다. 연근과 아보카도의 풍부한 섬유소가 장벽을 자극하여 장의 활동을 촉진하기 때문이다. 또 이 두 가지를 배합하면 콜레스테롤을 떨어뜨리는 효과도 있다.

인삼 : 빈혈에 효과적이다. 연근은 장내 유산균의 성장을 촉진하고 채소로서는 드물게 비타민 B_{12}가 많아 혈액을 생성하므로 수술 후 빈혈에도 효과가 있다.

4. 재료이야기

1) 종류

- 연잎 : 어린 연잎은 살짝 데쳐 쌈을 싸거나 연잎에 찰밥을 넣고 싸서 쪄 먹었다. 또 찹쌀과 누룩을 버무려 연잎을 켜켜이 넣고 연엽주(蓮葉酒)를 만들기도 한다.
- 연꽃 : 연꽃은 7~8월에 피고 지름이 15~20cm이다. 색은 홍색의 홍연과 백색의 백연이 있다. 연꽃

차는 독성이 없는 백연으로 사용하는데 단맛과 쓴맛을 지니고 있다. 한의학 문헌에는 연꽃차를 오래 복용하면 마음이 안정되고 기력이 왕성해지며 어열을 제거한다고 하였다.

- 연자육 : 연꽃이 지고 나면 생기는 연꽃의 씨이다. 갈색의 단단한 껍질로 싸여 있고 껍질을 벗기면 황갈색이다. 냄새가 없으며 맛은 달고 약간의 기름이 돈다.

2) 재료 구입법

연근은 모양이 길고 크기가 굵은 것으로 한 마디가 400g 이상인 것이 좋으며, 양쪽에 마디가 있어 막혀 있는지 살펴보아야 한다. 잘라보았을 때 속이 희고 부드러우며 구멍의 크기가 고르고 이물질이 없는 것이 좋다. 또한 껍질에 흠집이 없고, 흙이 적당히 묻어 있는 것이 싱싱하며 무겁고 상처가 없는 것이 좋으며, 암연근이 수연근보다 맛있는데 암연근은 짧고 통통하고, 수연근은 가늘고 길쭉한 특징을 가지고 있다. 시중에서 판매되는 껍질이 제거된 연근은 갈변을 막기 위해 표백처리되었을 수 있으므로 사용 시 주의해야 한다.

3) 재료 보관법

사용하지 않은 껍질이 있는 연근은 신문지에 싸서 냉장고에 보관하는 것이 좋으며 0~5℃에 저장한다. 조직 내에 폴리페놀과 탄닌성분을 함유하고 있어 갈변되며 쓴맛이 생기므로 껍질을 벗긴 후에는 소금이나 식초를 넣은 물에 바로 담그거나 끓는 물에 데쳐서 찬물에 우려 떫은맛을 제거한 뒤 사용하는 것이 좋다. 남은 것은 냉장고에 넣고 매일 물을 갈아주며 사용한다.

5. 맛있는 조리방법

- 연근조림 : 연근의 껍질을 벗기고 얄팍하게 썰어 끓는 물에 데쳐내어 조림양념장에 넣고 은근하게 조린다. 물엿을 양념장에 함께 넣고 조리면 연근의 아삭한 맛이 덜 살아나고, 양념이 배어들기 전에 쉽게 타버릴 수 있으므로 물엿은 마지막에 넣는 것이 좋다.

• 연근전 : 손질하여 끓는 물에 데친 후 밀가루 반죽물을 입혀 달군 팬에 넣고 지진다.

• 연근칩 : 연근은 손질하여 얇게 썬 다음 소금물에 담갔다가 여러 번 헹군 뒤 물기를 거두고 기름에 튀겨낸다.

• 연근정과 : 연근의 껍질을 벗기고 얄팍하게 썰어 끓는 물에 데쳐서 시럽에 넣고 은근하게 조려낸다.

• 연근밥 : 씻은 연근을 적당한 크기로 썰어 식초물에 잠시 담가 떫은맛을 제거하고 불려놓은 쌀과 함께 밥을 짓는다.

• 연근김치 : 껍질을 벗기고 적당한 크기로 썰어 소금에 절인 후 김치양념을 만들어 무쳐낸다.

• 연근차 : 연근은 껍질이 있는 상태로 깨끗이 씻어 얇게 썰어 꾸덕꾸덕해지도록 말린 후 팬에 넣고 덖어주기를 3번 반복해 준다. 완성된 연근을 물에 넣고 끓이거나 우려서 마신다.

• 연근피클 : 연근은 껍질을 벗겨 적당한 크기로 썰고 떫은맛을 우려낸 후 피클소스(식초, 설탕, 소금, 피클링스파이스 등)를 만들어 한소끔 끓인 후 연근을 넣고 절인다.

연근전

이것이 궁금해요?

Q 연근의 껍질을 벗기면 연근이 검게 변해요. 왜 그런 건가요?

A 연근에는 탄닌과 철분이 풍부한데, 이러한 성분은 산소와 접하면 산화효소에 의해 갈색으로 변하게 됩니다. 또 쇠칼이나 쇠 냄비를 사용하면 산화가 더욱 잘 일어나게 되니 유리냄비를 이용하는 것이 좋아요. 데칠 때 식초를 조금 넣어도 검게 변하는 걸 방지할 수 있어요.

재미있는 음식이야기

• 연꽃향차의 유래

중국 청나라 때 심복이란 사람이 쓴 『부생육기(浮生六記)』에 연꽃향차 이야기가 나오는데 심복의 부인 진운이 차를 끓여주면 차의 향이 아주 독특하고 은은하여, 아내의 차 끓이는 법을 관찰해 보니 해질 무렵 연꽃이 오므라들기 전에 비단주머니에 차를 넣어 연꽃 속에 넣어두었다가 아침 일찍 연꽃이 피어날 때 비단주머니에 넣어두었던 차를 꺼내서 차를 만들자 그 향이 아주 독특했다고 한다. 이는 남편의 적은 수입으로 비싼 차를 살 수 없던 심복의 처 진운이 연꽃의 향을 이용해 좋은 차를 만들어 사랑하는 남편에게 마시게 했다는 삶의 지혜가 돋보이는 이야기를 담고 있다.

식품재료의 모든 것 2월

비타민 덩어리 금귤
작은 마늘 달래
나른한 몸을 일깨우는 봄동
인삼과 겨자의 맛을 동시에 지닌 순무
혈관을 맑게 하는 양파
향취가 일품인 참취

비타민 덩어리
금귤(Oval Kumquat)

1. 역사이야기

금귤은 귤속에 속하는 운향과의 상록관목으로 중국이 원산지이며 동남아시아에서 재배되고 있다. 원래는 관상용으로 보급되었으나 현재는 식용하며 영국 빅토리아시대에 영국인들은 금감나무를 화분에 심어 테이블에 올려놓고 그 열매를 따서 디저트로 먹었다고 한다.

색깔은 노란색에서 붉은색까지 여러 종류가 있으며 금감, 금양, 일본식 한국말인 낑깡이라고도 불린다. 금귤은 귤보다 작은 열매로 오렌지 모양이며, 맛은 오렌지보다 시큼하며 감귤과는 대조적으

금귤은 칼륨(potassium)을 함유하고 있어 나트륨의 배출을 돕고, 칼슘성분이 골다공증을 예방하며, 철분(iron)이 풍부하여 빈혈 예방에도 좋은 식품이다. 또한 칼로리도 100g당 27kcal로 다이어트에도 좋으며 갈증을 없애주는 효과가 있다.

로 껍질째 먹는데 껍질 쪽에 단맛과 향미가 있으면서 새콤달콤하고 쓴맛이 나는 것이 특징이다.

우리나라에서는 날씨가 따뜻하고 일조량이 많은 제주 지역과 남해안 일대에서 노지 또는 무가온 하우스재배로 주로 영파금귤을 생산하고 있으며, 국내에서는 주로 생식용으로 이용하고 잼, 액상차, 씨를 뺀 금귤시럽, 건조금귤 등으로 가공하기도 한다.

2. 영양과 효능

금귤은 비타민 C와 유기산이 풍부하여 몸 안의 활성산소를 제거하여 노화를 방지하며, 기침감기를 예방하고 원기를 회복하는 데 효과가 있는 식품으로 알려져 있다.

특히 금귤의 껍질 부위에 영양소가 집중되어 있는데 껍질에는 펙틴질(pectic substances)이 많아서 변비를 예방하고 혈압의 상승을 억제하는 효과가 있으며, 갈락탄(galactan), 펜토산(pentosan), 플라보노이드(flavonoid) 등의 성분도 풍부하다.

특히 갈락탄은 뮤신(mucin)과 유사한 끈끈한 점성물질로 위 점막의 보호막 형성을 도와 위장병의 예방에 좋으며 혈압을 낮춰주고, 장운동을 활발하게 하여 변비를 예방하는 효과가 있으며, 여기에 금귤에 풍부한 구연산(citric acid)이 소화액 분비를 촉진하고 식욕을 증진시켜 천연 소화제의 역할을 하게 된다.

또한 엽산(folic acid)이 풍부하여 양수막을 두텁게 하여 태아를 보호하는 효과가 있어 산모에게도 좋은 식품이며, 암을 예방하는 베타카로틴(β-carotene)성분도 풍부하다.

금귤은 귤보다 작은 열매로 오렌지 모양이며, 맛은 오렌지보다 시큼하다. 감귤과는 대조적으로 껍질째 먹는데 껍질 쪽에 단맛과 향미가 있으면서 새콤달콤하고 쓴맛이 나는 것이 특징이다.

그 외에도 금귤은 칼륨(potassium)을 함유하고 있어 나트륨의 배출을 돕고, 칼슘성분이 골다공증을 예방하며, 철분(iron)이 풍부하여 빈혈 예방에도 좋은 식품이다. 또한 칼로리도 100g당 27kcal로 다이어트에도 좋으며 갈증을 없애주는 효과가 있다.

한방에서는 금귤이 기를 소산시키며 위장의 소화력을 높여 식욕을 증진시키는 약재로 쓰이며, 신맛의 구연산, 과당, 비타민 C, 비타민 A, 칼슘 등이 풍부하여 기침, 가래와 감기에 걸렸을 때 목의 통증을 가라앉혀주며 피로 회복에도 도움이 된다고 한다. 이러한 이유 때문에 중국에서는 금귤을 소금에 절여서 목이 아플 때 먹기도 하였다.

3. 음식궁합

YES

브로콜리 : 브로콜리는 철분이 많은 채소로 알려져 있다. 철분이 몸에 흡수되기 위해서는 비타민 C의 도움이 필요한데 비타민 C가 풍부한 금귤과 브로콜리를 함께 먹으면 철분의 흡수율이 증가하여 임산부나 빈혈환자에게 더 좋은 음식궁합이 된다.

쇠고기 : 금귤에는 비타민 C가 많아 단백질이 풍부한 쇠고기요리에 함께 쓰이면 좋다.

4. 재료이야기

1) 종류

- 감귤 : 감귤은 인도가 원산지로 기후적으로 제주도 남해지방에서 재배되며 둥글고 주황빛이다.
- 천지향 : 일반 밀감보다 약간 크다.
- 천혜향 : 하늘에서 내린 향기라는 의미를 가진 고급 감귤로, 청견과 교배하여 제주도 서귀포 지역에서 새롭게 재배되는 한라봉 이후에 개발된 최신품종으로 껍질이 얇고 과즙이 풍부하며 당도가

높다.

- 한라봉 : 한라봉은 일본의 데코폰이라는 특화된 품종이 제주도에서 재배되면서 새롭게 명명된 것으로 단맛이 강하고 과육이 풍부하다.

2) 재료 구입법

금귤은 흔히 낑깡이라고 부르는 작은 타원형의 열매로 선명한 노란색 또는 붉은색을 띠는 것이 좋으며 과피가 둥글고 단단하며 상처가 없고 광택이 있어야 한다. 또한 과육을 반으로 갈랐을 때 씨가 적고, 톡 쏘는 신맛이 나는 것이 좋다.

3) 재료 보관법

껍질째 먹는 과일이므로 소금물에 깨끗이 씻어 외피의 농약을 제거하고 물기를 닦아 냉장보관하는 것이 좋은데, 금귤이 잠길 정도의 물에 소금을 넣고 잘 섞어 1~2분간 흔들어 금귤 표면의 농약을 제거하면 되고, 18~25℃의 온도에 저장하면 보름 정도는 신선하게 보관할 수 있다.

5. 맛있는 조리방법

- 금귤잼 : 금귤은 소금물로 깨끗이 씻어 껍질째 편으로 썰어둔다. 설탕을 넣고 은근한 불에서 조려 식으면 유리병에 보관하며 사용한다.
- 금귤술 : 손질해 둔 금귤과 설탕, 소주를 밀폐용기에 담고 서늘한 곳에 1~2개월 정도 숙성시킨다. 술이 익으면 금귤을 건져내고 술만 받아 입이 작은 유리병에 옮겨 담는다. 노란빛을 띠는 향이 강한 술이다.
- 금귤청 : 금귤은 소금물로 깨끗이 씻어 물기를 제거하고 껍질째 편으로 썰어 금귤과 설탕을 1 : 1 동량으로 유리그릇에 담아 발효시켜 미온수에 타서 먹거나 요리에 이용한다.

• **금귤정과** : 설탕과 물엿, 물을 넣고 가열하여 정과시럽을 만들고, 금귤은 깨끗이 씻어 이쑤시개로 구멍을 낸 후 시럽에 넣고 윤기 나게 조린다. 정과가 식으면 통으로 사용하거나 얇게 잘라서 사용한다.

• **금귤드레싱 닭가슴살샐러드** : 금귤 씨를 제거하고 껍질까지 잘게 다져서 마요네즈에 넣고 약간의 소금, 레몬주스로 간해서 드레싱을 만든 후 닭가슴살을 데쳐 결대로 찢고 양상추를 먹기 좋은 크기로 잘라 샐러드를 만든다.

• **금귤효소** : 깨끗이 씻은 금귤은 물기를 제거하고 적당한 크기로 자른 후 소독한 용기에 금귤과 설탕을 넣고 밀봉한다. 서늘한 곳에서 숙성시킨다. 맑은 액체가 고이기 시작하면 효소를 걸러준다. 거른 효소는 면포를 덮어 냉장고에서 30일 정도 더 숙성시킨 뒤 음식 만들 때 사용하거나, 물에 희석해서 마시면 상쾌함을 느낄 수 있다.

금귤정과

이것이 궁금해요?

Q 금귤 드레싱을 만들 때 레몬주스를 넣으니까 분리되는데 분리가 안 되게 하려면 어떻게 해야 하나요?

A 마요네즈 자체가 식용유로 만들어진 것이기 때문에 레몬주스나 금귤이 들어가면서 산성분이 섞여 분리될 수 있는데요. 이럴 때는 휘핑기로 빨리 저어주거나 올리브오일을 살짝만 넣어 저어주는 것도 좋습니다. 기름이 들어간 드레싱소스 말고 다른 것을 원하시는 분들은 플레인 요구르트를 넣어 만드셔도 되는데 무가당으로 사용하실 경우에는 올리고당을 조금 넣는 것도 좋아요.

Memo

작은 마늘
달래(Wild Chive)

1. 역사이야기

달래는 마늘, 파, 양파, 부추 등과 같이 백합과 알리움(Allium)속에 속하는 다년초로서 원산지는 우리나라를 비롯한 일본, 중국이며 산이나 들에서 자란다. 땅속에 난구형의 비늘줄기가 있고 잎은 가늘고 흰 대롱 모양으로 높이는 5~12cm로 여러 개가 뭉쳐서 난다.

달래는 역사가 긴 만큼 다양한 이름으로 불렸는데 산에서 나는 마늘이라는 뜻의 산산(山蒜), 소산(小蒜), 야산(野蒜) 외에도 제주도에서는 '들의 마늘'을 뜻하는 '꿩마농', '드릇마농'이라는 이름으로 불리고 있으며, 일본에서는 야생하는 달래(蒜)라 하여 노비루(野蒜)라고도 한다.

예부터 달래의 줄기와 수염뿌리는 잘 씻어 말린 후 소주에 넣고 밀봉한 다음 두세 달쯤 지나 신경안정과 정력증진의 약술로 마셨다고 한다.

『동의보감』에는 달래를 소산(小蒜)이라 하여 "성질이 따뜻하고 맛이 매우며 속을 덥게 하며, 음식의 소화를 돕고 곽란(급성위장염)으로 토하고 설사하는 것을 멎게 하고 고독(기생충 감염으로 생기는 독)을 치료한다"고 기록하고 있다.

달래는 재배작물이 아니라 들판이나 야산의 야생달래를 캐서 이용하던 오래된 채소이나 최근에는 이른 봄에 시장에 판매할 목적으로 하우스에서 재배하고 있다. 달래는 한번 파종하고 관리를 잘하면 두고두고 봄에 이용할 수 있는 다년초 작물로 마늘의 매운맛 성분인 알리신(allicin)이 들어 있어 맛이 맵고 마늘과 영양 및 효능이 비슷하기 때문에 무침, 장아찌, 전, 된장국 등으로 이용하며, 술을 빚기도 한다.

2. 영양과 효능

달래는 '작은 마늘'이라 불리며 독특한 향과 알싸한 맛으로 미각을 자극할 뿐 아니라 피로를 회복시켜 주는 봄철 건강식품으로 혈액순환을 촉진시켜 자양강장음식으로도 알려져 왔으며, 불교에서는 이 강장효과 때문에 달래를 파, 마늘, 부추, 무릇과 함께 '오신채(五辛菜)'라 하여 사용을 금하기도 하였다. 비타민과 무기질이 풍부하여 신경안정과 자궁출혈, 위암, 종기 및 타박상의 치료제로도 쓰였다.

달래에는 비타민 A, B_1, B_2, B_6, C가 풍부한데 달래에 들어 있는 비타민 A는 피부의 점막을 정상으로 유지시키는 기능이 있으며 바이러스로 인한 병에 대한 저항력을 높여주며, 비타민 C의 항산화작용으로 노화와 빈혈을 예방하며 부신피질호르몬의 분비를 자극시켜 스트레스 해소에도 도움이 되는 식품으로 예부터 달래의 줄기와 수염뿌리를 잘 씻어 말린 후 소주에 넣고 밀봉하여 두세 달쯤 지나 신경안정과 정력증진의 약술로 마셨다고 한다.

달래 100g에는 매운맛 성분인 알리신(allicin)이 1.0mg 들어 있다. 알리신은 항암효과가 있어 암 예방효과가 기대되는 재료이다.

달래는 알칼리성 식품으로 무기질 또한 풍부한데 칼슘이 많아 빈혈과 동맥경화에 좋고, 칼륨이 몸 속의 나트륨 배출을 도와 성인병을 예방한다.

그러나 조리 시 비타민이 손실될 수 있으므로 날것으로 섭취하는 것이 바람직하다.

3. 음식궁합

YES

돼지고기 : 달래의 영양소들 중 비타민과 무기질, 칼슘 등이 돼지고기의 기름기 때문에 높아질 수 있는 콜레스테롤 수치를 낮춰주는 역할을 한다.

꿀 : 혈액순환이 원활하지 않거나 소화기관이 약하거나, 몸이 냉하면 달래와 꿀을 섞어서 술로 만들어 먹으면 그 증상이 완화될 수 있다.

매실 : 피부탄력, 숙면에 도움을 주며 정력증진에 좋다.

식초 : 식초가 달래의 비타민 C가 쉽게 파괴되는 것을 막으며 불면증을 개선해 준다.

다시마 : 피부미용에 좋다. 달래는 알칼리성 식품으로 피부를 윤택하게 하고 다시마 역시 신진대사를 돕고 산성체질을 개선해 주는 식품이다. 또 달래의 따뜻한 성질이 다시마의 찬 성질을 중화하기 때문에 효과가 더욱 좋아진다.

4. 재료이야기

1) 종류

'산달래'로 산에서도 자라며 들이나 밭에서 자라 쉽게 볼 수 있는데, 근래에는 재배용 채소로 심어 가꾸기도 한다.

2) 재료 구입법

달래는 비닐하우스 재배보다는 봄에 산이나 들에서 캐는 달래가 매운맛이 강하고 맛이 좋으며, 알뿌리가 굵은 것이 향이 강하다. 그러나 너무 굵은 것은 맛이 떨어지므로 중간 크기의 굵기를 선택하는 것이 좋다. 또한 잔뿌리가 적고 줄기부분은 진한 초록색을 띠며 줄기가 마르지 않은 싱싱한 것을 골라 뿌리 사이에 흙을 씻어내고 뭉친 돌기를 떼어낸 뒤 사용한다.

3) 재료 보관법

달래는 맛과 향이 유지되도록 손질하여 비닐에 담아 냉장보관한다. 줄기가 빨리 시들어 버리므로 물을 뿌린 종이타월에 싸서 냉장보관하는데 7일 이상 보관하지 않는 것이 좋다.

5. 맛있는 조리방법

- 달래장아찌 : 달래는 깨끗이 다듬어 씻어 물기를 제거하고 간장, 설탕, 식초, 물을 비율대로 넣고 한소끔 끓여 식힌 후 용기에 담아놓은 달래에 부어준다. 다음날 간장물을 따라내고 끓여 식힌 후 달래에 붓는다.
- 달래돼지고기구이 : 돼지고기는 목살을 준비하여 한입 크기로 썰고 달래는 씻어 4~5cm 길이로 자른 뒤 된장양념장을 만들어 고루 섞은 다음 돼지고기와 달래를 넣고 조물조물 무쳐 30분간 재운 후 구워낸다.
- 달래전 : 깨끗이 다듬어 씻어낸 달래와 홍고추는 먹기 좋은 크기로 썰고, 조갯살은 소금물에 씻어 준비한다. 부침가루에 물을 넣어 반죽한 뒤 달래와 조갯살, 홍고추를 넣고 프라이팬에 식용유를 둘러 노릇노릇하게 지져낸다.

• 달래된장국 : 뚝배기에 멸치육수를 넣고 된장을 풀어 끓어오르면 해감한 조개와 먹기 좋게 썬 두부, 호박, 풋고추를 넣고 마지막에 달래를 넣어 끓인다.

• 달래양념장 : 달래를 1cm 길이로 잘라 간장, 다진 마늘, 통깨, 참기름, 약간의 생강즙과 고루 섞는다.

• 달래오이무침 : 달래는 손질하여 적당한 길이로 썰고 오이는 길게 반으로 썬 후 다시 어슷하게 썬다. 양념장(고춧가루, 식초, 설탕, 마늘, 액젓, 통깨)을 만들어 고루 섞은 다음 달래와 오이를 넣고 살살 버무린다.

달래장아찌

이것이 궁금해요?

Q 달래의 아린 맛은 어떻게 중화시킬 수 있나요?

A 달래를 조리하기 전에 손질하면서 뿌리의 도톰한 부분을 3~4갈래로 칼집을 내주거나 칼등으로 한번만 으깨주면 그 맛을 중화시킬 수 있습니다. 또는 손질 후 씻을 때 소금을 살짝 탄 물에 헹궈내면 아린 맛을 줄일 수 있어요.

재미있는 음식이야기

• 달래의 전설

후한의 소문난 의원 화타(華陀)는 이미 그 무렵에 마취술을 활용한 의원으로, 100세가 넘도록 젊음을 유지했다고 하는데, 어느 날 화타가 길을 가다가 한 병점(餠店)에서 쉬고 있는데, 만성 소화불량으로 죽어가는 사람이 있어 화타가 달래를 캐서 즙을 낸 후 환자에게 두 되를 먹이자 병이 씻은 듯이 나았다고 한다.

나른한 몸을 일깨우는 봄동

1. 역사이야기

봄동은 추위가 물러가지 않은 이른 초봄을 알리는 채소로 설이 지나고 봄이 되어 김장김치가 물릴 즈음 생으로 겉절이를 해먹거나 쌈으로 즐기는 음식이다. 봄동은 겨울철 노지에서 속이 차지 않아 결구형태를 취하지 못한 배추를 사용하던 것이 최근에는 겨울과 봄에 수확되는 겉잎이 벌어지면서 속이 차지 않는 개장형 배추인 불결구종으로 바뀌어 재배되고 있다.

생김새는 배추보다 잎이 두껍지만 맛이 달고 씹을수록 고소하며 연한 맛이 특징이고 국으로 끓였을 때 비타민 손실이 적다. 추운 날씨에도 잘 자라는 품종으로 비교적 따뜻한 전라남도 완도, 진도, 해남, 신안 등이 주요 생산지이며 전국 수확량의 90% 이상을 차지하고 있다. 그중 진도 지방의 봄동이 대표적 상품이다.

생김새는 배추보다 잎이 두껍지만 맛이 달고 씹을수록 고소하며 연한 맛이 특징이고 국으로 끓였을 때 비타민 손실이 적다.

배추는 한자어로 숭채(菘菜)라 불리며『동의보감』에는 "성질이 평하고 맛이 달며 독이 없고 소화를 잘 시키며 기를 내리고 장위를 잘 통하게 한다"는 기록이 남아 있다.

2. 영양과 효능

비타민의 보고인 봄동은 열량이 낮아 다이어트, 빈혈과 동맥경화 예방, 피로회복 등에 좋으며 춘곤증을 예방하는 식품이다.

봄동에는 비타민 C 함량이 오렌지보다 2배 이상 높고 철분, 칼슘, 인 등의 무기질이 풍부하여 피로회복, 피부미용, 동맥경화증을 예방하고, 비타민 C가 철분의 흡수를 도와 빈혈환자에게도 좋은 채소이다.

또한 항산화 성분인 베타카로틴(β-carotene)이 풍부하여 노화를 방지하고 암을 예방하며, 면역력을 증진시키고 시력보호에도 효과적이다. 또한 풍부한 식이섬유는 다이어트와 중금속 배출을 도와 대장암을 예방할 수 있으며, 칼륨이 풍부하여 나트륨 배출과 혈압조절에도 좋다.

척박한 환경에서 자란 봄동은 일반 배추에 비하여 항암효과가 높은데, 항암작용을 하는 유효 생리활성물질 '파이토케미컬(phytochemical(s)-식물영양소)'인 퀘르세틴(quercetin)과 캠페롤(kaempferol), 아릴이소시아네이트(arylisocyanate)가 배추보다 풍부하다.

그러나 봄동은 찬 성질을 지니고 있어 더위를 많이 타는 열이 많은 사람에게 좋은 식품이나 몸이 아주 냉한 사람과 만성적으로 설사하는 사람은 날로 먹는 것보다는 익혀 먹는 것이 좋다.

봄동에는 비타민 C 함량이 오렌지보다 2배 이상 높고 철분, 칼슘, 인 등의 무기질이 풍부하여 피로회복, 피부미용, 동맥경화증을 예방하고, 비타민 C가 철분의 흡수를 도와 빈혈환자에게도 좋은 채소이다.

3. 음식궁합

YES

참기름 : 비타민이 풍부한 봄동을 불포화지방산이 풍부한 참기름과 함께 먹으면 봄동의 지용성 비타민의 흡수를 도와준다.

NO

고추장 : 고추장 자체의 단맛이 봄동의 단맛과 부딪혀 봄동의 단맛을 제대로 느끼기 어렵다.

4. 재료이야기

1) 종류

- 봄동 : 가을에 씨앗을 뿌려 겨울과 이른 봄에 거두는 불결구배추를 말한다.
- 얼갈이 : 봄동과 혼동하는 경우가 많으나 겨울에 재배하는 푸성귀로 배추 품종과 관련 없이 겨울 재배 배추이면 얼갈이라 할 수 있으나 사람들은 특히 겨울 재배 반결구배추만을 얼갈이라고 한다.
- 엇갈이 : '본 작물재배 교체시기에 재배하는 배추와 무' 또는 배추와 무의 본격 수확기를 피해 재배하는 배추와 무라고 한다. 재배기간이 짧은 반결구배추를 주로 심는데, 겨울 재배의 얼갈이배추와 그 배추모양이 같으므로 이 둘을 구별하기 위해 엇갈이라 불리고 있으며, 강원도의 여름 재배 반결구배추를 흔히 엇갈이라 한다.

2) 재료 구입법

봄동은 잎이 꽃처럼 펴져 있으며 시들지 않고 벌레가 먹지 않은 것이 좋다. 또한 잎이 너무 크거나 두껍지 않은 것이 좋으며 노란 잎으로 속이 꽉 찬 것이 고소하고 달다. 뿌리색이 선명하고 깨끗한 것이 좋다.

3) 재료 보관법

씻어서 냉장보관 시 잎에 물기가 없게 하여 용기에 담아 보관하며, 씻지 않고 보관할 때에는 신문지나 종이타월에 물을 분무하여 봄동을 말아서 보관하도록 한다. 그러나 봄동은 보관일수가 증가할수록 비타민의 손실이 많아지므로 3일 이상 장기보관하지 않는 것이 좋다.

5. 맛있는 조리방법

- 봄동전 : 봄동의 겉잎을 떼어 줄기부분을 두드려 소금물에 잠시 재운다. 홍고추를 다져 넣은 부침반죽을 준비하여 봄동에 부침반죽을 고루 입혀 팬에 기름을 두르고 노릇하게 지져 초간장과 곁들여 낸다.
- 봄동된장무침 : 봄동은 2cm 폭으로 썰어 소금에 살짝 절여 물기를 짜둔다. 새송이버섯은 밑동을 제거하고 편으로 썰어 데쳐낸다. 된장과 들깻가루 파, 마늘, 들기름을 넣고 된장양념을 만들어 절여진 봄동과 버섯을 넣어 무쳐낸다.
- 봄동된장국 : 봄동은 한 잎씩 떼어 손질하여 적당한 크기로 썬다. 멸치육수를 끓이다가 된장을 풀고 마른 새우, 봄동을 넣고 채 썬 양파를 넣어 끓여낸다.
- 봄동겉절이 : 봄동과 달래, 오이를 씻어 물기를 거두고 적당히 썬다. 고춧가루에 멸치젓국, 간장, 마늘, 생강즙, 설탕, 통깨, 참기름을 혼합하여 양념장을 만들어 봄동과 달래에 넣고 무친다.
- 봄동묵무침 : 봄동과 도토리묵, 오이, 양파, 달래, 깻잎, 청 · 홍고추를 준비하여 알맞은 크기로 썬다. 고춧가루, 간장, 액젓, 식초, 다진 파, 다진 마늘, 설탕, 참기름, 깨소금을 잘 섞어 양념장을 만들어 단단한 채소부터 버무리고 묵과 나머지 채소를 넣어 가볍게 버무려 낸다.

봄동겉절이

• 봄동샐러드 : 봄동을 흐르는 물에 깨끗이 씻어 먹기 좋은 크기로 찢고 양상추는 봄동보다 작은 크기로 썬다. 두부를 기름에 튀겨 기름을 제거한 뒤 그릇에 준비한 재료들을 올려놓고 올리브유, 꿀, 깨소금으로 드레싱을 만들어 뿌려낸다.

이것이 궁금해요?

Q 봄동을 너무 오래 데치면 채소 무른 냄새가 나는데 알맞게 데치는 방법을 알고 싶어요.

A 끓는 물에 두꺼운 줄기와 억센 겉잎을 먼저 데친 후 부드러운 속잎을 넣어 데쳐내어 익는 속도를 맞추는 것이 좋아요. 또 봄동이 숨이 죽으면 바로 건져 찬물이나 얼음물에 재빠르게 헹궈내서 연한 잎이 물러지지 않도록 해야 무른 냄새가 나지 않아요.

재미있는 음식이야기

• 봄동을 봄-똥이라 말한다

봄동은 남쪽 해안가 지역이 주 생산지라 바람을 피하려고 낮고 넓게 퍼져 자라게 되었다. 봄동이라는 말은 언제 어떻게 만들어진 것인지 알 수 없으나 땅바닥에 바짝 붙어 자라 일부 지방에서는 납작배추, 납딱배추, 딱갈배추, 떡배추 등으로도 불린다. 국립국어원 표준국어대사전에는 '봄동'으로 등재되어 있으며, 봄동은 [봄-동]이 아니라 [봄-똥]이라 발음하는 것으로 되어 있다. 이는 봄동이라는 단어의 유래가 발음으로 남아 있는 [똥]에 있지 않나 추측해 볼 수 있는데, 땅에 납작 붙어 있는 모양이 소똥을 연상시키기 때문으로 봄의 들녘에 소똥처럼 자라는 푸성귀이니 사람들이 '봄똥'이라 불렀을 것이고, 그래도 사람이 먹는 것인데 '똥'이라 표기하기는 좋아 보이지 않으니 봄동으로 쓰는 버릇이 생겨 굳어졌을 것이다.

인삼과 겨자의 맛을 동시에 지닌 순무(Turnip)

1. 역사이야기

순무는 유럽이 원산지로 중국을 통해 들어와 삼국시대부터 재배되었다. 쌍떡잎식물 양귀비목 겨자과에 속하는 한해살이 또는 두해살이로 무의 한 종류이며, 무를 재배하는 방법으로 재배하지만 늦여름에 파종하고 늦가을에서 초겨울에 수확하는 것이 특징으로 우리나라에서는 경기도 김포와 강화에서만 소량 생산되고 있다.

순무의 뿌리 모양은 품종에 따라 다르며 대개 팽이 모양의 둥근 형으로 삼각뿔 형태를 이루고 있어 배추꼬리와 유사하다. 빛깔은 대부분 흰색이지만 겉만 적색인 것과 속까지 자줏빛을 띠는 것이 있다. 맛은 감미롭고 고소하며 겨자향의 인삼맛(배추꼬리맛)이 나며 일반 무보다는 단단하고 매운 맛을 가지고 있어 생으로 깎아 먹으면 배추 뿌리맛이 나며 아작아작 씹히는 고소함이 있다.

순무의 뿌리 모양은 품종에 따라 다르며 대개 팽이 모양의 둥근 형으로 삼각뿔 형태를 이루고 있어 배추꼬리와 유사하다. 빛깔은 대부분 흰색이지만 겉만 적색인 것과 속까지 자줏빛을 띠는 것이 있다.

『향약구급방』에 '만청(蔓菁)' 또는 '무청(蕪菁)'이라 하여 순무에 대한 기록이 있으며, '제갈채'라고 도 불렸다. 『동의보감』에는 오장을 좋아지게 하고 음식을 소화시키며 기를 내리고 황달을 치료하며 몸을 가벼워지게 하고 갈증을 풀어준다고 하였다. 또한 이규보는 〈가포육영〉이란 시에서 순무에 대하여 "순무를 담근 장아찌 여름철에 먹기 좋고, 소금에 절인 김치 겨울 내내 반찬 되네. 뿌리는 땅 속에서 자꾸만 커져 서리 맞은 것을 칼로 베어 먹으니 배와 같은 맛이지"라 했다.

2. 영양성분

순무는 칼슘, 단백질, 탄수화물, 비타민이 풍부하여 예로부터 '밭의 화장품'으로 불리며 미용식품으로 이용되었다. 이뇨(利尿)와 소화작용을 돕고 숙취와 갈증해소, 눈과 귀를 밝게 하며 간질환, 당뇨, 고혈압에 좋은 식품으로 알려지고 있다.

순무는 수분과 무기질이 풍부한 알칼리성 식품으로 이뇨작용이 있어 소변을 쉽게 보지 못하는 증상을 개선하고, 식이섬유가 풍부하여 변비를 해소하고 치질의 증상을 완화시켜 주며, 비타민 C가 많이 함유되어 있어 기미와 주근깨의 원인이 되는 멜라닌(melanin) 생성을 억제하고 세포의 노화 방지와 피로회복에도 좋은 식품으로 피부를 건강하게 하는 효과가 있다.

또한 잎에는 엽록소, 베타카로틴(β-carotene)과 카로티노이드(carotinoid)성분이 풍부하여 암을 예방하는 효과가 있다. 그 외에도 순무에는 무기질인 칼륨과 칼슘성분이 혈압을 내리고 골다공증을 예방하며, 순무의 씨를 볶아 기름을 섭취하면 눈을 보호하는 효과가 있다.

특히 순무의 매운맛을 내는 이소시아네이트(isocyanate)는 항암작용과 해독, 소염작용이 있어 기침에도 효과가 있는 것으로 알려져 있으며, 뿌리에는 필수아미노산인 라이신(lysine)과 트립토판(tryptophane)이 풍부하여 신경억제작용과 혈당강화효과가 있으며, 탄수화물로는 포도당, 펙틴(pectin), 펜토산(pentosan) 등이 함유되어 있다.

3. 음식궁합

YES

육류 : 잡냄새를 잡아주면서 풍미도 더해준다. 반면 해조류와는 잘 어울리지 않는다.

쌀 : 소화를 촉진한다.

황석어젓 : 순무김치는 통통하고 질이 좋은 황석어젓으로 담가야 깊은 맛이 난다.

4. 재료이야기

1) 종류

- 베이비순무 : 완전히 성장한 순무보다 달짝지근하고 향긋한 맛을 지니고 있어 주로 샐러드로 이용된다.
- 비트 : 천연색소로도 많이 이용되는 레드비트는 샐러드나 각종 요리에 쓰인다. 지상부는 어리고 연할 땐 샐러드로 이용하고, 자라면 조리해서 먹는다. 우리나라에서는 주로 녹즙을 내거나 생으로 채를 썰어 샐러드에 넣고, 서양에서는 대부분 삶아 먹는다.
- 콜라비 : 양배추와 순무를 교배시킨 채소로 수분과 콜라비의 맛은 배추뿌리와 비슷하지만 순무보다 매운맛이 덜하다. 비타민 C의 함유량이 높으며, 농약 없이 재배한 유기농 채소라 생식용이나 즙용으로 이용되고 있다. 표고버섯과 같이 비타민 D가 풍부한 식품과 섭취하면 칼슘의 흡수율을 높일 수 있다.

2) 재료 구입법

순무는 전체적으로 모양이 고르고 굵기가 일정한 것을 고른다. 잎부분은 선명한 녹색을 띠며, 뿌리는 희고 윤기가 난다. 순무를 반으로 잘라보았을 때 구멍이 없는 것이 싱싱하다.

3) 재료 보관법

순무는 저장성이 뛰어나 냉장만 잘하면 오래 두고 먹을 수 있으며, 보관할 때 무청이 달려 있으면 수분이 빨리 빠져 나가므로 잘라서 따로 보관하는 것이 좋다. 따라서 수분이 증발되는 것을 막기 위해 순무의 무청을 자르고 신문지로 싼 다음 무청이 있던 부분을 아래로 하여 냉장보관한다.

5. 맛있는 조리방법

순무의 잎과 뿌리는 비타민과 항암성분이 풍부하여 날것으로 먹어도 맛과 영양이 풍부하며, 김치나 장아찌를 담그면 오래도록 즐길 수 있다.

- 순무김치 : 순무는 손질하여 납작하게 썰고 무청은 부드러운 부분만 준비한다. 볼에 찹쌀풀, 새우젓, 고춧가루, 파, 마늘과 육수를 넣어 양념을 만들고 순무를 넣어 살살 버무려준다(순무김치는 통통하고 질이 좋은 황석어젓으로 담가야 깊은 맛을 내며, 강화 지역의 향토음식으로 유명하다).
- 순무물김치 : 순무와 오이는 같은 크기로 썰어 절이고 양파, 홍고추, 마늘은 믹서기에 갈고 풋고추는 어슷하게 썬다. 다시마, 표고버섯을 넣고 끓인 육수를 준비하여 조금은 찹쌀풀을 쑤고 나머지 육수는 김칫국에 넣는다. 절여진 순무와 오이는 씻어서 물기를 제거하고 갈아놓은 양념과 풋고추, 육수를 붓고 소금 간을 하여 2~3일 정도 익힌 후에 먹는다.
- 순무장아찌 : 순무는 적당한 두께의 은행잎 모양으로 썰어 간장달임물(물 : 간장 : 식초 : 설탕 = 2 : 1 : 1 : 1)을 만들어 썰어놓은 순무를 용기에 담고 뜨거울 때 순무에 달임장을 부어 절인다.

- 치킨무 : 순무는 작게 깍둑썰기하여 용기에 물, 식초를 섞어 절임물을 만들어 1시간 정도 절인 다음 식초와 설탕을 1 : 1 비율로 넣고 소금 간을 하여 용기에 담아 2일 정도 숙성시켜 먹는다.
- 순무샐러드 : 순무는 적당한 두께의 은행잎 모양으로 썰고 연한 잎은 먹기 좋은 크기로 썰어 각종 채소와 견과류를 고루 넣어 접시에 담고 드레싱을 곁들여 낸다.

순무물김치(동치미)

이것이 궁금해요?

Q 순무김치를 담갔는데 빨리 시어졌어요, 왜 그럴까요?

A 김치가 빨리 시어지는 것은 발효 때문인데요. 김치는 공기와 적게 접촉할수록 좋고, 저장온도가 높으면 초산균이 번식해서 빨리 시어지기 때문에 보관 온도는 0~5℃가 가장 적당하지요. 또 용기에 담을 때에도 밀폐력이 좋은 용기를 사용하고, 가득 채워 담지 않는 것이 좋아요.

재미있는 음식이야기

• 왜 강화순무가 보라색을 띠게 된 걸까?

때는 1892년 12월이다. 고종은 근대 해군교육을 위해 영국 총영사에게 해군교관 파견을 요청하고 이에 1893년 3월 해군학교 설치령을 반포한다.

그렇게 해서 먼 나라 영국에서 군사교관 두 분이 오게 되는데 바로 콜웰(W.H. Callwell) 대위와 조교 커티스(J.W. Curtis) 하사이다. 지금의 해군사관학교는 진해에 있지만 원래 최초의 근대 해군사관학교는 강화도에 세워졌었다.

따라서 콜웰 대위와 조교 커티스 하사는 강화도에 오게 되었고 이때 콜웰 대위가 영국의 순무 종자를 가져와 강화도 사택 주변에 심었다. 이렇게 해서 본래 강화 순무와 콜웰 대위의 순무가 교잡되어 강화의 독특한 보라색 순무가 만들어진 것이다.

혈관을 맑게 하는 양파(Onion)

1. 역사이야기

양파는 백합과의 파속으로 오랜 재배역사와 특유의 맛과 향기를 지니고 있어 고추, 마늘 등과 더불어 전 세계적으로 많이 이용되고 있는 조미채소 중 하나이다. 지중해 연안이 원산지로 추측되며 재배의 역사는 매우 오래되어 인간이 재배해 온 가장 오래된 작물 가운데 하나로 알려져 있다.

양파의 유래는 성서의 기록에도 있듯이 이집트 피라미드 건설 노동자들이 먹었다는 설과 그리스 운동선수들이 많은 양의 양파 섭취로 혈액이 맑아졌다는 이야기가 전해진다.

양파라는 말의 어원은 서양에서 들어온 것으로 파와 같은 향이 있다고 해서 '양파'라고 부르게 되었다고 하며, 우리나라에는 조선시대 말엽에 도입된 것으로 추정되는데 세계적으로 재배되고 다양한 요리에 이용되며 인류의 양식으로 또 강장식품으로 널리 알려졌다.

양파의 매운맛은 프로필알릴 디설파이드(propylallyl disulfide), 알릴디설파이드(allyl disulfide)라는 성분으로 양파를 썰 때 눈물을 유도하는 효소이다.

2. 영양과 효능

양파 속 탄수화물은 포도당과 설탕이 다량 함유되어 있어서 양파가 성장할수록 그 양이 증가한다.

양파의 매운맛은 프로필알릴디설파이드(propylallyl disulfide), 알릴디설파이드(allyl disulfide)라는 성분으로 양파를 썰 때 눈물을 유도하는 효소이다. 이 성분은 가열에 의해 설탕의 50배 이상의 단맛을 내는 프로필메르캅탄(propyl mercaptan)으로 형성되며 가열할수록 단맛이 증가된다.

양파의 껍질부분에 있는 퀘르세틴(quercetin)은 고지방식에 의해 일어나는 혈장콜레스테롤의 상승을 억제하며 좋은 HDL(high density lipoprotein)콜레스테롤을 증가시켜 고혈압 예방에 도움을 주며 독소를 배출하는 효과가 있어 다이어트에 좋고, 소화기능 개선과 장에 묵혀 있던 변을 배출해 주어 피부 트러블 예방에도 효과가 있다.

양파는 자극성이 있어 신경을 활발하게 하고 혈액순환을 촉진시키며 해독작용과 살균력도 매우 강하여 날것이나 익은 것 모두 다 먹어도 좋은 식품이다.

양파의 껍질부분에 있는 퀘르세틴(quercetin)은 고지방식에 의해 일어나는 혈장콜레스테롤의 상승을 억제하며 좋은 HDL(high density lipoprotein)콜레스테롤을 증가시켜 고혈압 예방에 도움을 주며 독소를 배출하는 효과가 있어 다이어트에 좋고, 소화기능 개선과 장에 묵혀 있던 변을 배출해 주어 피부 트러블 예방에도 효과가 있다.

3. 음식궁합

YES

오리고기 : 오리고기는 차가운 성질을, 양파는 따뜻한 성질을 가졌기 때문에 이 재료들은 궁합이 잘 맞는다고 할 수 있다.

육류 : 육류와 함께 섭취하면 영양의 균형을 이루며 양파의 퀘르세틴성분이 항산화작용을 하여 활성산소를 잡아준다.

식초 : 불면증에 좋다. 양파의 유화알릴성분이 신경을 안정시키며, 식초가 항스트레스작용을 하는 부신피질(adrenal cortex) 호르몬의 분비를 촉진하기 때문이다.

오미자 : 피로회복에 좋다. 양파의 비타민 성분과 오미자의 유기산이 피로를 느끼게 하는 물질인 젖산(lactic acid)을 해독해 준다.

포도 : 양파에 풍부한 퀘르세틴성분은 알레르기 증상을 완화시키고 심혈관 건강을 보호하는 작용을 하며 포도에는 심혈관질환, 암, 신경장애와 체중감소 효능이 있는 카테킨(catechin)성분이 많이 들어 있다. 따라서 같이 먹으면 혈전을 막고 신체건강을 향상시킨다.

콩 : 당뇨병에 좋다. 양파는 인슐린을 촉진하고 콩의 필수아미노산이 글리코겐(glycogen)을 합성하므로 당뇨병에 의한 피로도 풀 수 있다.

NO

꿀 : 위장을 자극하여 심하면 시력손상에 영향을 준다.

4. 재료이야기

1) 종류

• 흰 양파 : 하이스타 양파라 한다. 숙기가 빠르고 저온비대성이 강하여 수량이 많이 수확되는 품종이다. 내한성이 우수하고 균일도가 뛰어난 극조생계 양파이다.

- 노란 양파 : 정풍황양파라 한다. 상품성이 높으며 다수확되는 품종으로 순도가 고르고 노균병에 강해 재배가 쉽다.
- 붉은 양파 : 소나타레드 양파라 한다. 구피가 농적자색으로 분구가 안정되고 저장성이 우수하며 매운맛과 냄새가 적어 고품질의 맛좋은 생식용 적양파이다.

2) 재료 구입법

양파는 모양이 균일하고 만져보았을 때 단단하고 무게감 있는 것이 좋다. 껍질은 잘 건조되었으며 광택이 나는 것을 구입한다. 싹이 났거나 물렁한 것은 구입하지 않는다.

3) 재료 보관법

양파는 껍질이 있는 상태로 망사자루에 넣어 통풍이 잘되면서 그늘지고 서늘한 곳에 보관하는 것이 좋으며, 발아를 억제하려면 0℃에 냉장보관한다.

5. 맛있는 조리방법

- 양파장아찌 : 햇양파를 구입하여 껍질을 벗기고 절임물(물 : 간장 : 식초 : 설탕 = 4 : 2 : 1 : 1)을 만들어 끓여 통에 넣은 햇양파에 뜨거울 때 붓는다.
- 양파김치 : 양파는 껍질을 벗겨 밑뿌리를 1cm 정도 남겨둔 채 십자로 칼집을 넣고 소금물에 30분 정도 절인다. 김치양념을 만들어 절여진 양파의 물기를 빼고 양파 사이사이에 양념을 넣고 남은 양념에 물과 소금을 넣어 김칫국을 만들어 양파김치에 부어준다.
- 양파참치샐러드 : 양파의 일부는 다져서 팬에 볶은 후 마요네즈, 식초, 간장, 설탕을 넣어 드레싱을 만든다. 나머지는 가늘게 채 썰어 찬물에 담가 매운맛은 없애고 치커리는 씻어서 적당하게 자른다. 참치는 체에 밭쳐 기름기를 뺀다. 접시에 채 썬 양파와 치커리, 약간의 견과류를 담고 참치

를 올리고 드레싱을 끼얹는다.

• 양파피클 : 양파, 적양배추, 오이, 고추 등을 준비하여 적당한 크기로 썰고 밀폐용기에 넣는다. 절임장(물·설탕·식초 같은 비율, 소금 약간)을 만들어 끓인 다음 뜨거울 때 용기에 붓는다.

• 양파링튀김 : 양파는 동그랗게 링 모양으로 썰고 밀가루로 덧가루를 바른다. 덧가루를 입힌 양파는 풀어 놓은 달걀물을 입히고 파슬리가루를 섞어놓은 빵가루에 골고루 옷을 입혀 170℃에서 튀겨낸다.

• 양파무침 : 양파를 굵게 채 썰어 찬물에 담가 매운 기를 제거한 후 물기를 닦아내고 부추는 양파와 같은 크기로 썬다. 고춧가루와 소금, 식초, 참기름, 설탕으로 양념장을 만들어 고루 무치고 참깨를 뿌려준다.

양파무침

이것이 궁금해요? Q&A

Q 양파의 껍질을 벗길 때나 썰 때 눈물이 나는데, 눈물이 덜 나오게 하는 방법을 알려주세요.

A 양파의 티오프로파날-S-옥사이드성분 때문에 눈물이 나는데 이 성분은 휘발성이 있어 환기를 시키거나 양초를 켜서 양파의 눈물나게 하는 성분이 양초로 날아들면서 사람에게 오는 것을 막아줍니다. 또는 물에 담근 채로 양파를 까면 도움이 될 수 있어요.

재미있는 음식이야기

• 역사 속의 양파

양파는 그리스와 로마시대에도 중요한 식료품으로 로마인은 양파를 단일한 성질, 진주 같은 특성이라는 뜻을 지닌 유니오라고 불렀다.

파라오 쿠푸의 거대한 피라미드를 축조하던 이집트의 노예들은 양파와 마늘, 파를 먹었다고 하는데 어떤 무덤에서는 양파를 쥔 채 매장된 미라가 발견되기도 했다.

양파는 식용 외에도 다양한 용도로 쓰였는데 불에 태운 양파는 액운을 막는 부적으로 사용되기도 했고, 양파 꿈을 길몽으로 생각하기도 했으며, 속설에 성 토마스 축일 전날 밤(12월 20일)에 양파를 베개 밑에 두고 자면 미래의 아내 모습을 볼 수 있다고 전해지기도 한다.

향취가 일품인 참취(Edible Aster)

1. 역사이야기

참취는 국화과의 여러해살이풀로 전국의 산기슭에서 자생하는 산채이다. '취'자는 원래 채(菜)에서 유래된 말인데 나물로 이용 가능한 식물에 쓰이던 것이 특정한 나물 이름이 되었다고 한다.

참취의 어린순을 취나물이라 하며 취는 참취, 떡취, 곰취, 단풍취, 미역취 등 많은 종류가 있다. 그중 참취의 수확량이 가장 많으며 우리나라에는 용문산 취가 유명하다고 한다.

취나물은 재배되는 것이 아니고 산에서 채취해서 이용하는 것이라 산채로서의 맛과 독특한 향취가 있어 나물이나 쌈으로 이용되고 있다. 지역에 따라 다르지만 참취는 5월 중순이 채취 적기이다. 토질이 척박한 산에서 자라기 때문에 해마다 뜯으면 세력이 약해지므로 해를 걸러서 뜯는다.

한의학에서는 참취가 맛이 달고 차다 하여

취나물은 재배되는 것이 아니고 산에서 채취해서 이용하는 것이라 산채로서의 맛과 독특한 향취가 있어 나물이나 쌈으로 이용되고 있다. 지역에 따라 다르지만 참취는 5월 중순이 채취 적기이다.

감기, 두통, 진통에 효과가 있어 약용으로도 이용되고 있다. 이른 봄에 나오는 어린잎을 데쳐 양념하여 먹고 조금 더 자란 것은 쓴맛이 있으므로 충분히 우려내어 볕에 말려 갈무리하여 묵은 나물로 먹는다.

2. 영양과 효능

향취가 있어 일품인 참취는 단백질, 칼륨(K), 칼슘(Ca), 인(P), 철분(Fe), 비타민 B_1, B_2, 나이아신(niacin) 등이 풍부한 알칼리성 식품으로 산성인 쌀밥과도 매우 잘 어울리는 식품이다. 참취의 칼륨(K) 기능 가운데 가장 중요한 것은 삼투압 조절인데 음식을 짜게 섭취하였을 때 칼륨으로 인해 필요 이상의 나트륨을 체외로 배설시켜 혈압의 상승을 막고 세포 내액에 들어 있는 칼륨은 세포 외액에 들어 있는 나트륨과 함께 세포의 정상적인 활동을 돕는다. 또한 비타민의 항산화작용으로 혈중콜레스테롤 수치를 낮춰 고혈압이나 동맥경화에 좋다.

참취의 효능이 각종 의서를 통해서도 전해져 한방에서 동풍채근(東風菜根) 또는 산백채(山白菜), 백지초(白之草)라고 하여 진통 및 현기증 · 요통 · 장염 치료에 한약재로도 쓰이며 전통 민간요법으로도 널리 사용되고 있다. 현대에 들어와서도 참취는 열량이 낮은 알칼리성 식품으로 다이어트에 효과가 있는 것으로 알려지고 있으며 항암효과와 더불어 콜레스테롤을 저하시키는 약리효능이 입증되었으며 많은 미식가들로부터 사랑을 받고 있다.

참취의 효능이 각종 의서를 통해서도 전해져 한방에서 동풍채근(東風菜根) 또는 산백채(山白菜), 백지초(白之草)라고 하여 진통 및 현기증 · 요통 · 장염 치료에 한약재로도 쓰이며 전통 민간요법으로도 널리 사용되고 있다.

취나물에는 시금치와 마찬가지로 수산(oxalic acid)성분이 있어 체내에서 칼슘과 결합하면 칼슘의 체내 흡수율을 떨어뜨리고 결석(結石)을 만든다. 그러나 생것으로 섭취할 경우에 그렇고 데쳐서 사용하면 거의 제거되기 때문에 취나물을 데칠 때에는 꼭 뚜껑을 열고 데친 뒤 찬물에 헹구어 사용한다.

취나물에는 베타카로틴(β-carotene)의 함량이 늙은 호박보다 높은데 베타카로틴이 풍부한 것으로 유명한 늙은 호박에는 100g당 베타카로틴이 712㎍ 들어 있는 데 비해 취나물 100g에는 3,564㎍ 함유되어 있다. 베타카로틴은 주요 항산화물질로 만성기관지염 등에 효과적이다.

3. 음식궁합

YES

육류 : 고기를 먹을 때 취는 발암물질 60~70%의 활성을 억제시켜 준다.

들기름 : 취에는 단백질과 나이아신, 탄수화물, 회분, 칼슘 및 비타민 A, C가 풍부해서 불포화지방산이 풍부한 들기름과 함께 먹으면 좋다.

4. 재료이야기

1) 종류

- 곰취나물 : 4~6월에 채취된다. 산나물 중 잎이 가장 크며 산속의 곰이 잘 먹는 나물이라 하여 이름이 붙여졌다. 잎은 줄기에 6장 정도이며 쌉쌀한 맛과 향이 독특하다. 나물로는 색이 연하고 잎이 부드러운 것이 좋다. 억세진 잎은 간장 또는 된장 장아찌로 담가 먹는데 향이 매우 좋다. 또한 한방에서는 혈액순환을 좋게 하고 감기에 좋아 치료제로 쓰인다.

- 각시취 : 산지의 양지바른 풀밭에서 자란다. 잎 양면에 털이 있으며 줄기에 달린 잎의 길이가 긴 타원형이다. 어린 순을 나물로 먹는다.
- 곤달비 : 깊은 산속의 습지에서 자란다. 잎의 맥을 따라 털이 있으며 가장자리에 뾰족한 톱니가 있다. 곰취와 구분되지 않는데 잎이 3~4장으로 곰취의 잎보다 적은 것으로 구분된다. 잎이 억세져도 억센 맛이 없고 단맛이 더 있어 나물로는 곰취보다 좋으며, 한방에서는 뿌리를 부인병 치료에 사용하며 나물이나 쌈, 장아찌로 이용되고 있다.

2) 재료 구입법

취는 이른 봄 한 뼘 정도 자란 것이 좋고 고유의 푸른색을 가지며 연하고 부드러워 보이는 것이 좋다. 잎과 줄기에 솜털이 선명하고 취의 향이 진한 것, 줄기에 붉은색이 감도는 것을 고른다. 삶은 취는 짓무른 것이나 질겨 보이는 것은 피한다.

3) 재료 보관법

위생봉지에 넣어 냉장보관한다. 오래 보관하려면 데쳐서 물기를 제거한 후 냉동실에 넣어둔다. 삶아서 말려두었다가 사용해도 좋다.

억센 취나물을 구입했을 경우 먼저 취나물의 줄기를 제거하고 잎만 데쳐서 사용한다. 줄기도 사용하려면 여러 번 삶거나 삶을 때 베이킹소다를 조금 넣는다. 쓴맛이 난다면 먼저 취나물의 줄기를 다듬고 삶아서 물에 담가 우려낸 후에 조리한다.

5. 맛있는 조리방법

- 참취쌈밥 : 참취는 끓는 물에 소금을 넣고 데쳐낸 다음 따뜻한 밥에 참기름, 통깨, 소금을 넣고 밑간을 한다. 된장과 고추장에 다진 풋고추와 양파, 대파를 넣고 빡빡하게 끓여 쌈장을 만들고, 참취

잎에 쌈장을 조금 올리고 뭉친 밥을 올려 쌈을 싼다.

- **참취나물** : 연한 잎을 끓는 물에 살짝만 삶아 물기를 짜고 거피낸 들깻가루와 들기름, 집간장을 넣고 조물조물 무쳐낸다.
- **참취배샐러드** : 연한 잎을 흐르는 물에 깨끗이 씻어 물기를 빼놓고 배와 대추는 채 썬다. 소스(배, 검은깨, 마요네즈, 식초, 설탕, 소금)를 믹서기에 넣고 갈아 참취, 배, 대추 채에 끼얹는다.
- **마른 취나물밥** : 마른 취나물을 불려 데친 후 양념하여 볶는다. 불린 쌀에 다시마 우린 물을 넣고 끓이다가 볶은 취나물을 넣어 뜸을 들인다. 양념장을 곁들인다.
- **취나물콩가루찜** : 연한 취나물은 깨끗이 씻어 물기가 있을 때 콩가루를 묻혀 6~7분정도 쪄서 양념장(간장, 참기름, 깨소금, 다진 마늘, 파)을 넣고 무친다.

취나물콩가루찜

이것이 궁금해요?

Q **취나물 종류와 비슷하게 생긴 동의나물이라는 것에 독성이 있다던데 구별하는 방법이 있나요?**

A 동의나물, 곰취, 곤달비는 서로 비슷한데 동의나물은 절대 먹어서는 안 되고, 곤달비는 곰취로 둔갑해서 판매되기도 해요. 동의나물과 취나물의 가장 쉬운 구별법은 취나물은 향이 있지만 동의나물에는 향이 없다는 것입니다. 나물에 향이 없다면 먹어서는 안 되는 독초인 동의나물이니 주의하셔야 합니다.

재미있는 음식이야기

• 곰취라는 이름의 유래

곰취라는 이름의 유래에 대해서 몇 가지 이야기가 전해진다. 잎의 모양이 곰 발바닥처럼 생겼기 때문이라 말하기도 하고 곰이 나타나는 깊은 산속에서 자라기 때문에 붙여졌다고도 한다. 그 밖에 겨울잠에서 깨어난 곰이 가장 먼저 찾는 나물이라 해서 붙여졌다는 이야기도 있다. 그리고 다른 이름으로도 불리는데 잎이 말발굽과 비슷하다 하여 마제엽(馬蹄葉)이라고도 하고 곰달래, 왕곰취, 곤대슬이 등 지역마다 달리 불리기도 한다. 그리고 곰취의 학명 Ligularia fischeri의 속명 Ligularia는 '설상화가 혀를 닮은'이라는 뜻을 가지고 있고 종소명 fischeri는 러시아의 분류학자 피스체리를 기리기 위해 붙여졌다.

식품재료의 모든 것 3월

타우린과 아미노산이 풍부한 모시조개

궁중 돌상에 올려지던 미나리

쓴맛으로 식욕을 살리는 씀바귀

향긋하고 짭조름한 바다의 미각 톳

타우린과 아미노산이 풍부한
모시조개(Short-necked Clam)

1. 역사이야기

모시조개는 석피목 백합과에 속하며 껍질의 지름이 약 5cm 정도인 조개로 우리나라 남해안과 서해안에 분포되어 있다. 갯벌이나 염전, 저수지 등 수심이 얕은 곳에 살며 껍질에 모시천의 결 무늬가 있는 것 같다 하여 모시조개라 불렸다.

가을부터 봄까지가 가장 맛있는 제철이며, 우리말에 조갯국을 먹으면 시원하다고 표현하는데 뜨거워서 입안이 델 것 같은 국물을 마시면서 시원하다고 하는 것은 조개국물의 특별한 맛 때문이다.

조개국물의 독특한 맛, 시원한 맛은 단백질이 아닌 질소화합물 타우린, 베타인(betaine), 아미노산, 핵산류(nucleic acid), 호박산(succinic acid) 등에 의한 것이다.

2. 영양과 효능

모시조개에는 단백질이 15%, 지질 3%, 탄수화물 3%, 칼슘, 인, 철 등의 무기질이 많다. 조개의 종류에 따라 성분이 조금씩 다르지만 필수아미노산이 골고루 들어 있고 히스티딘(histidine)과 라이신(lysine)이 많으며, 타우린(taurine)과 아미노산(amino acid)이 풍부해 간의 해독을 돕는다.

특히 조개국물의 독특한 맛, 시원한 맛은 단백질이 아닌 질소화합물 타우린, 베타인(betaine), 아미노산, 핵산류(nucleic acid), 호박산(succinic acid) 등에 의한 것이며, 호박산은 조개류 고유의 맛성분으로 제철에 그 양이 최고가 된다. 또한 모시조개에는 비타민 B_{12}가 많이 들어 있어 신경질환이나 악성빈혈을 낫게 하는 효과가 있으며, 조개국물은 소화력이 약한 사람이나 노약자에게 좋다.

3. 음식궁합

YES

토마토 : 모시조개에 부족한 비타민 A와 비타민 C를 보충해 준다.

4. 재료이야기

1) 종류

- 가무락조개 : 백합과에 속하는 조개로, 둥근 모양이며 크기는 5cm 정도이다. 검은색에 가장자리만 흰색을 띠는데 이 가무락조개를 모시조개라 부른다.

2) 재료 구입법

색이 좋고 윤이 나며 크기가 일정하고 무거운 것, 선도가 좋은 것을 고른다. 조개류는 반드시 살아 있는 상태로 구입해야 하며 살아 있는 것은 껍질이 닫혀 있거나 가볍게 치면 닫히는 것이 신선한 것이다. 둔탁한 소리가 나거나 악취가 나지 않아야 하며 바닷물에 담가 파는 것을 구입한다.

3) 재료 보관법

모시조개는 1~2% 소금물에 담가 검은색 비닐로 덮어 어둡게 해서 1~2시간 정도 냉장에 두어 해감하는데 이때 소금물을 갈아주면 뻘이 더욱 잘 빠진다. 해감한 조개는 뚜껑을 덮지 않고 냉장실에 넣어둔다. 장기보관하려면 손질해서 물기를 빼고 지퍼백에 넣어 냉동한다.

5. 맛있는 조리방법

- 모시조개파산적 : 모시조개는 삶아서 살만 준비하고 소금에 살짝 절인 파를 말아서 조개와 파를 번갈아 가며 꼬치에 꿴다. 반죽물을 만들어 꼬치에 꿴 조개와 파를 담가 팬에 지진다.
- 모시조개탕 : 다시마육수에 대가리와 꼬리를 떼어낸 콩나물을 넣고 끓으면 해감한 모시조개와 붉은 고추, 미나리, 마늘을 넣고 소금으로 간을 한다.
- 모시조개달래된장국 : 멸치육수에 된장을 풀고 해감한 모시조개를 넣고 끓이다 손질한 달래와 마늘을 넣는다.
- 모시조개두부국 : 준비해 놓은 다시마육수에 두부, 양파, 대파, 청양고추를 넣고 끓으면 해감한 모시조개를 넣고 새우젓으로 간을 한다.
- 모시조개미역국 : 모시조개는 해감하고, 불린 미역은 먹기 좋은 크기로 썬 후 냄비에 참기름을 둘러 해감한 모시조개와 다진 마늘을 볶고 물을 부어 끓인다. 물이 끓어오르면 맛술을 약간 넣어 조개의 비린내를 제거한다. 조개의 입이 벌어지면 미역을 넣고 청장과 소금으로 간한다.

모시조개파산적

이것이 궁금해요?

Q 바지락과 모시조개의 차이점을 알려주세요.

A 바지락은 갯벌에서 자라 호미로 파면 '바지락바지락' 소리가 난다 해서 '바지락'이 됐다고 하네요. 예부터 중부지역에서는 참조개, 모시조개 등으로 불렸고, 다른 지방에서는 바스레기, 바지라지, 반지락으로 불려왔으나 남도지방에서 불리던 이름이 우세하여 바지락으로 많이 불러요.

경상도, 전라도에서는 반지락이라고도 합니다.

바지락은 가볍고, 모시조개는 광택이 나고 무겁고, 크고 색이 어두워요. 바지락보다 모시조개가 키우기 어려워 바지락보다 4배쯤 비싸요.

재미있는 음식이야기

• 봉골레파스타의 유래

봉골레(Vongole)는 모시조개를 뜻한다.

봉골레파스타는 해안지역인 베네치아 지방에서 유래되었다. 봉골레파스타는 항구지방에 사는 어부들의 든든한 한 끼 식사였는데, 스파게티 면을 삶은 뒤 치즈를 얹어 먹던 것에 지루함을 느꼈던 어부들이 어느 날 갓 잡아온 신선한 조개를 넣고 요리하기 시작했고 그 후 현재의 봉골레파스타가 만들어진 것으로 전해진다.

궁중 돌상에 올려지던 미나리(Water Parsley)

1. 역사이야기

동남아시아와 오세아니아, 중국, 일본 등에 주로 분포되어 있으며 우리나라에는 봄부터 겨울까지 전국적으로 재배되고 있다.

신라시대 최치원의『계원필경집(桂苑筆耕集)』에 기록된 "시골노인의 미나리를 갈이 보낸다"는 내용으로 보아 신라시대 이전부터 먹었음을 알 수 있다.

미나리는 물을 좋아하는 습성이 있어 논, 물가 등 물기가 있는 습한 땅에서 재배되며 물속에서 자라기 때문에 '수근'이라고도 한다.『산림경제』에는 "미나리를 심는 곳은 항상 물이 넉넉해야 하고 음력 2월에 거름을 주어야 한다"라고 기록되어 있다. 조선 숙종 때 인현황후와 장희빈을 빗대어 "미나리는 사철이고 장다리는 한철이다"라고 했듯이 미나리는 사계절 먹었음을 알 수 있다.『본초강목』에 "줄기는 단맛이 있으며 기운이 평하며 무독하다"고 하였다.

미나리의 독특한 향은 이소람네틴(isoramnetin), 페르시카린, 알파피넨(α-pinene)의 정유성분으로 미나리의 독특한 향으로 인해 요리에 다양하게 이용된다.

미나리는 독특한 정유(精油)성분을 가지고 있어 향신료로도 이용되며 한의학에서는 수영 또는 수근으로 불리며 약용으로 이용되었다. '독야청청(獨也靑靑) 푸르름으로 양지의 의미를 가진다.' 하여 옛날의 선비들에게는 생명력에 대한 희망과 신뢰를 주는 음식으로 선비의 밥상에 자주 올라왔다. 궁중의 풍습에도 돌상에 미나리 줄기를 홍색실로 묶어 얹었는데 미나리는 일 년 내내 자랄 수 있는 사시사철 푸른 식물로 끈질긴 생명력과 번식력으로 수명이 길기를 염원하는 뜻이 담겨 있다.

2. 영양과 효능

미나리는 비타민 A, B_2, C가 풍부한 알칼리성 식품으로 밀가루나 육류 섭취로 인한 혈액의 산성화를 막아준다. 또한 간의 해독과 황달, 숙취에 탁월한 효과를 나타내는데 이것은 페르시카린(persicarin)이라는 플라보노이드성분 때문이다.

미나리의 독특한 향은 이소람네틴(isoramnetin), 페르시카린, 알파피넨(α-pinene)의 정유성분으로 정신을 맑게 하고 간의 독성을 해독하며 향을 이용한 요리에 다양하게 이용된다.

또한 철분과 식이섬유가 많아 변비 예방에 효과적이다. 보통 변통에 좋은 식품을 보면 변의 부피를 늘리는 식품과 장에 자극을 주는 식품이 있는데 미나리는 이 두 가지를 겸한 식품이다. 미나리를 먹으면 정신이 맑아지고 혈액을 보호한다 하여 술안주나 반찬으로 미나리강회를 먹어왔다.

90cm 이상 되는 미나리에는 시쿠톡신(Cicutoxin)이라는 독성분이 있어 구토, 현기증을 일으키는데 식용미나리와 달리 키가 커서 육안으로 구별된다. 또 미나리에는 칼륨 함량이 많은데 이는 통풍에 좋은 것으로 알려져 있다.

또 미나리에 있는 페르시카린이라는 플라보노이드성분은 알코올 대사를 촉진시켜 미나리와 오이를 함께 갈아서 먹으면 이뇨작용과 함께 숙취해소에 효과적이다. 또 미나리는 복어와 음식궁합이 맞는데 미나리가 해독 및 중금속 정화작용이 뛰어나 복어의 독성을 정화하기 때문이다.

그리고 이뇨제로 쓰일 정도로 그 효능이 뛰어나고 고혈압과 유행성이하선염에도 효과가 있는데 미나리를 진하게 달인 물은 체하고 토하며 설사하는 어린이에게 효과가 있다고 한다.

3. 음식궁합

YES

복어 : 종류에 따라 차이가 있지만 독을 가진 복어를 미나리와 함께 조리하거나 섭취하면 미나리가 해독작용을 하여 그 궁합이 잘 맞는다고 할 수 있다.

돼지고기 : 미나리는 약알칼리성이기 때문에 돼지고기를 먹었을 때 혈액의 산성화를 예방하는 데 도움이 되며 콜레스테롤을 낮춘다.

차조기 : 미나리와 차조기를 배합하면 신경성 무월경증에 효과가 있다.

쑥갓 : 미나리와 쑥갓을 배합하면 고혈압에 효과가 있다. 미나리가 혈압강하작용을 하고 쑥갓 역시 모세혈관을 확장하여 혈압을 내려주는 마그네슘성분이 풍부하게 들어 있기 때문이다.

NO

닭고기, 자라고기 : 식중독을 일으킬 수 있다.

4. 재료이야기

1) 종류

- 물미나리 : '논미나리'라고 하며 물을 많이 먹으며 자란다. 키가 크고 통통하며 속은 비어 있고 부드럽고 향이 연하다.
- 돌미나리 : '밭미나리'라고 하며 물을 거의 주지 않는다. 줄기가 짧고 부드러운 잎사귀가 많으며 줄기가 붉고 향이 강하다.

• 산미나리 : '미나리취'라 불리며 산의 습한 나무 주변에 있다. 초봄에 볼 수 있으며 연한 잎을 취하여 쌈으로 먹는다.

2) 재료 구입법

색이 연하고 줄기가 너무 굵지 않으며 잔뿌리가 잘 정리되어 있고 단이 흩어지지 않아서 가지런히 묶은 것이 좋다. 줄기가 연하여 쉽게 구부러지는 것이 좋으며 거머리 등의 이물질이 없어야 한다.

3) 재료 보관법

뿌리 부분을 젖은 종이타월로 감싸고 신문지에 싸서 위생팩에 밀봉하여 서늘하고 습한 곳에 냉장 보관한다.

5. 맛있는 조리방법

• 미나리조개전 : 미나리, 조개, 양파, 달걀, 홍고추를 준비해서 손질하여 자르고, 소금과 참기름으로 밑간한 후 반죽물을 입혀 팬에 올리고 조개와 양파, 홍고추, 달걀물을 올려 앞뒤로 지진다.

• 돌미나리오징어무침 : 돌미나리, 오징어, 새우를 준비하여 손질해서 데치고, 양념장을 만들어 준비한 재료를 넣고 무친다.

• 탕평채 : 청포묵, 미나리, 소고기, 황백지단, 숙주나물, 홍고추를 준비하여 손질하고 같은 크기로 자른다. 소고기는 양념하여 볶는다. 볼에 준비된 재료를 담아 양념장에 버무린다. 마지막에 구운 김을 잘라 올린다.

• 미나리강회 : 미나리는 손질하여 데치고 쇠고기는 삶아서 직사각형으로 얇게 썰고, 달걀은 황백으로 지단을 부쳐 고기와 같은 크기로 썰고, 데친 미나리 위에 달걀, 고기, 홍고추 등을 올려 미나리로 감는다.

- 미나리초고추장무침 : 미나리는 손질하여 적당하게 썬 다음 끓는 물에 살짝 데쳐서 물기를 꼭 짜서, 초고추장을 만든다. 먹기 전에 데친 미나리와 양념장을 넣어 무쳐서 낸다.
- 미나리장아찌 : 줄기 끝의 갈색 부분을 잘라내고 잎을 포함해 줄기부분까지 흐르는 물에 깨끗이 씻어 체에 밭쳐 물기를 완전히 말려준다. 편으로 썬 생강과 설탕, 양조간장, 물, 건고추를 냄비에 넣어 양념장을 만들고 준비한 미나리를 먹기 좋은 길이로 썰어 보관용기에 담은 뒤 양념장을 부어 3~4일 정도 보관했다 먹는다.

미나리강회

이것이 궁금해요?

Q 미나리는 어떻게 사용해야 하나요?

A 미나리는 잎부분은 거의 사용하지 않는데 잎부분에 거머리가 있을 수 있어서 그래요. 또한 미나리 잎은 줄기에 비해 향기가 약해요. 잎을 사용하면 음식이 지저분해 보일 수도 있어요. 사용하기 전에 놋수저와 함께 담가놓거나 물에 식초 몇 방울을 넣고 담가 두면 거머리가 자연스럽게 떨어집니다.

데쳐서 사용할 경우 잎과 굵은 줄기부분은 익는 속도가 다르므로 줄기 아랫부분부터 끓는 물에 넣어 데칩니다. 다 데쳤으면 곧바로 찬물에 담가 식혀서 사용하면 돼요.

재미있는 음식이야기

• 미나리의 세 가지 덕

생명력이 아주 강한 미나리는 특별히 비료나 농약을 사용하지 않아도 잘 자라기 때문에 다른 채소에 비해 오염에 대한 우려가 적어 안심하고 먹을 수 있는 식품이다. 그러기에 옛날부터 선조들은 미나리를 삼덕이 있는 식물이라 했다.

첫 번째 덕은, 속세(俗世)를 상징하는 진흙탕에서 때묻지 않고 파랗고 싱싱하게 자라는 심지(心志)이다. 미나리는 집앞의 하수를 여과하는 더러운 수렁밭에서 자라나 오염물을 흡수하여 파랗게 정화시킨다. 이러한 면이 갖은 가난과 악조건을 이겨내고 바르게 생활하려 노력했던 우리 백성에게 교훈을 주는 것이다.

두 번째 덕은, 볕이 들지 않는 응달에서도 잘 자라는 것이다. 우리 조상들은 대부분 가난과 신분제도 그리고 가부장과 삼강오륜(三綱五倫)의 굴레 속에서 살았다. 이에 당연히 부귀영화를 누리고 싶은 욕망에 빠지기 쉬웠을 것이다. 이것을 우리 조상들은 미나리의 악조건에서도 잘 자라는 습성에서 교훈을 얻은 것이다. 특히, 한평생 권력과 부를 떠나 살려고 애썼던 선비들에게 큰 교훈을 주었을 것이다.

세 번째 덕은, 가뭄에도 푸름을 잃지 않고 이겨내는 강인함이다. 날이 가물어 산야의 초목과 논밭의 곡식이 누렇게 시들어도, 미나리만은 신선함을 잃는 법이 없다. 가물어 마음 좋던 사람들도 천심을 탓하고 자연히 인심도 가물며 의지 또한 가물기 마련인데 미나리는 독야청청(獨也靑靑) 푸름을 잃지 않으니, 조상들에게 생명력에 대한 희망과 신뢰를 주었을 것이다.

이처럼 미나리는 식용뿐만 아니라 뜻을 기르는 데에도 한몫하는 식품이었기에, 선비들은 밥상에 어떤 형식으로든 오르게 하였고 그로써 선비임을 과시하는 풍조마저 있었다.

쓴맛으로 식욕을 살리는 쓴바귀(Ixeris Dentata)

1. 역사이야기

씀바귀는 국화과의 다년생 풀로 우리나라 전국 산야에 널리 자생하며 씨앗이 떨어져 발아되면 뿌리번식을 왕성히 하며 성장한다. 지역에 따라 쓴나물 · 싸랑부리 · 씸배나물 · 쓴귀물 · 싸랭이 · 사태월싹 등으로 부르는 이름이 다르다. 대부분 쓴맛이 난다고 해서 붙은 이름임을 짐작할 수 있다.

이른 봄 식욕이 없을 때 이것을 찾게 되는데 바로 입맛을 돋우어주는 씀바귀나물이다. 재료의 성상을 언뜻 보면 고들빼기와 비슷하지만 잎보다는 뿌리를 먹는다는 점이 다르며 잎과 줄기, 뿌리 등 쓴맛이 매우 강해 이른 봄을 지내지 않은 뿌리와 어린 순을 먹는다.

이름에서 알 수 있듯이 고거(苦苣)라 하여 맛이 쓴 상추라는 의미를 지녔고 맛이 써서 쓴 나물이라 부르기도 한다. 『향약집성방』에서는 고급채로 기록되었고 향명으로 수이화(愁伊禾)라 한다. 한의학에서는 쓴맛이 허열(虛熱)을 내리는 사화(瀉火), 나른해지는 것을 치료

씀바귀는 수분이 83%이고 당질이 11.2%로, 단백질, 지질, 무기질이 풍부하며 비타민 C, A, β-카로틴의 함량도 높다.

하는 조습(燥濕), 입맛을 돋우는 개위(開胃)작용을 한다고 한다.

씀바귀를 많이 먹으면 여름 더위를 잊는다는 말이 전해 내려오는데 최근 연구에서 씀바귀의 쓴맛이 피로를 억제하는 항산화효과와 성인병을 예방하는 성분이 다량 함유된 것으로 밝혀져 봄철 건강을 챙길 수 있는 좋은 식품으로 각광받고 있다.

2. 영양과 효능

씀바귀는 수분이 83%이며 당질이 11.2%로, 단백질, 지질, 무기질이 풍부하며 비타민 C, A, β-카로틴의 함량도 높다. 특히 비타민 A가 다량 함유되어 있어 눈건강에도 좋다. 씀바귀는 성질이 차서 오장의 나쁜 기운과 열을 없애고 잠을 몰아내는 효과가 있으며, 최근 연구에서 씀바귀의 플라보노이드인 앨러패틱(aliphatic)성분이 토코페롤(tocopherol)에 비해 항산화 효과가 14배, 항박테리아 효과가 5배, 콜레스테롤 감소효과가 7배로 조사되면서 씀바귀가 면역증강과 항암, 노화억제효과에 있어 다른 식품보다 월등하다는 결과가 발표되었다.

어느 정도 자라 성숙한 씀바귀는 진정제로 사용되며 한방에서는 해열, 청폐열(淸肺熱), 양활혈(涼活血) 등에 효능이 있다고 하여 이 질환들의 치료제로 쓰이고 있다. 말린 씀바귀는 달여 마시면 여름에 더위를 타지 않는다.

씀바귀를 많이 먹으면 여름 더위를 잊는다는 말이 전해 내려오는데 최근 연구에서 씀바귀의 쓴맛이 피로를 억제하는 항산화효과와 성인병을 예방하는 성분이 다량 함유된 것으로 밝혀져 봄철 건강을 챙길 수 있는 좋은 식품으로 각광받고 있다.

3. 음식궁합

YES

쑥갓 : 씀바귀와 쑥갓을 같이 먹으면 춘곤증과 가래 끼는 것을 예방, 해소해 주고 소변을 원활하게 볼 수 있게 해준다.

고추장 : 고추장양념이 쓴맛을 줄여주어 잘 어울린다.

배즙 : 씀바귀의 쓴맛을 완화시켜 준다.

4. 재료이야기

1) 종류

- 선씀바귀 : 잔디밭의 초지에서 자생한다.
- 벌씀바귀 : 밭 언저리나 돌길 가장자리와 습한 경작지 언저리에서 산다.

2) 재료 구입법

씀바귀는 뿌리가 너무 굵지 않으며 가늘고 어린 것과 잔털이 많지 않은 것을 고른다.

3) 재료 보관법

흙을 털어내고 누런 잎을 다듬어 젖은 신문지나 종이타월에 싸서 냉장보관한다.

5. 맛있는 조리방법

- 씀바귀전 : 씀바귀를 다듬어 깨끗이 씻고 오징어는 가늘게 채 썰고 청 · 홍고추는 다진다. 부침반죽을 만들어 준비한 재료를 고루 섞어 팬에 부친다.

• 씀바귀토장무침 : 깨끗하게 손질한 씀바귀를 끓는 물에 살짝 데쳐 찬물에 쓴맛을 우려내고 적당한 길이로 자른다. 고추장, 된장을 이용한 양념장에 버무린다.

• 씀바귀뿌리튀김 : 씀바귀 뿌리는 다듬어 물기를 거두고 당근, 피망, 양파는 채 썬다. 볼에 준비한 재료를 담고 감자전분과 튀김옷 재료를 넣어 섞는다. 170℃ 튀김기름에 노릇하게 튀겨 소스를 곁들인다.

• 씀바귀파프리카무침 : 씀바귀의 뿌리를 잘 다듬어 4등분을 하고 파프리카는 채 썬다. 양념장을 고루 섞은 다음 씀바귀를 넣어 무친다.

• 씀바귀장아찌 : 잎이 있는 씀바귀를 데쳐서 약간의 소금물에 담가 일주일 정도 쓴맛을 우려낸다. 양념장을 끓여 씀바귀에 부어준다. 1~2번 더 반복하여 양념장을 부어준다.

씀바귀파프리카무침

이것이 궁금해요?

Q 씀바귀를 좋아하는데 쓴맛이 너무 강해요. 쓴맛을 줄이려면 어떻게 해야 하나요?

A 씀바귀는 이름만큼 쌉싸름한 맛이 특징인데 그 속에는 좋은 성분이 많아요. 하지만 너무 써서 줄이고 싶다면 조리 전 쌀뜨물이나 약한 소금물에 담가 쓴맛을 우려낸 다음 끓는 물에 빨리 데쳐서 찬물에 몇 번 헹궈 조리하면 쓴맛을 줄일 수 있답니다.

재미있는 음식이야기

- **중국에서 태어난 아기에게 먹이는 오향 중 하나 씀바귀**

중국에서는 아기가 태어나면 어미 젖을 먹이기 전에 오향(五香)이라는 다섯 가지 맛을 보게 하는데, 여기에 씀바귀가 이용된다. 첫째, 식초로 신맛을 핥게 하고 둘째, 소금으로 짠맛을 맛보게 한 뒤 셋째, 씀바귀의 흰 즙으로 쓴맛을 알려주면 아기는 오만상을 찌푸리며 울어대고 넷째, 가시로 혀를 살짝 찔러 자극하여 아픔을 다섯째, 사탕으로 단맛을 느끼게 함으로써 인생의 다양한 맛을 알려주는 풍습이 있다고 한다.

Memo

향긋하고 짭조름한 바다의 미각
톳(Sea Weed Fusiforme)

1. 역사이야기

톳은 갈조식물 모자반과에 속하며 제주도와 남해안이 생산의 중심지이다. 생육시기는 늦여름에서 초가을에 발아한 유체가 가을 중순에는 눈에 보일 정도이고 3~4월경 1m 이상까지 자란다. 경사가 완만한 암초지대나 파도가 심하지 않은 뻘이 약간 덮인 지역에 군락을 이룬다.

톳은 김, 미역, 다시마와 더불어 식용에 유용한 해조식물이며 봄부터 여름까지 채취하고 다른 계절에는 말려서 판매한다. 다육질로 잎은 주걱모양이며 가장자리에는 톱니가 있고 섬유상의 뿌리가 있으며 열매처럼 길쭉하게 생겼다.

예로부터 데쳐서 나물로 먹었으며 식량이 많이 부족했던 시절에는 구황식품(救荒食品)으로 곡식에 섞어서 톳밥을 지어 먹기도 했다. 식품이 풍부해지고 톳을 별로 먹지 않아 톳을 선호하는 일본으로 생산량의 대부분을 수출하게 되었다가 지금은 웰빙 바람 속에

칼슘과 칼륨이 풍부하여 골다공증과 고혈압 예방에 좋고 톳의 섬유소는 수분을 흡수하여 배변을 촉진시켜 변비에 좋다.

해조류가 각광받게 되면서 미세먼지를 없애는 효과가 있다고 알려져 찾는 사람이 많아지고 있다.

우리나라에서 톳의 명칭은 이름이 다양한데 마산, 진해, 창원, 거제에서는 톳나물, 고창에서는 따시래기, 흙배기, 제주에서는 톨이라 부르며 노루꼬리같이 생겼다고 해서 녹미채(鹿尾菜)라고도 한다.

2. 영양과 효능

바다에서 나는 톳은 나트륨, 칼륨, 칼슘, 요오드, 철 등 무기질이 많은 알칼리성 식품이다. 철분은 시금치보다 3~4배가 많아 다시마, 미역보다 빈혈에 더 효과적이다. 칼슘과 칼륨이 풍부하여 골다공증과 고혈압 예방에 좋고, 톳의 섬유소는 수분을 흡수하여 배변을 촉진시켜 변비에 좋다.

톳은 칼로리는 낮으면서 미네랄이 풍부하여 성인병의 예방과 치료에 좋으며, 톳에 함유된 점질물(粘質物) 알긴산(alginic acid)이 황사와 미세먼지를 없애는 데 효과가 있고, 연구결과 혈액응고 및 면역증강작용을 나타낸다고 알려진 기능성 다당류를 많이 함유하고 있으며, 톳 추출물에 대해서는 항균, 항산화, 항고지혈, 항콜레스테롤 등이 함유되어 있다고 알려지면서 찾는 사람들이 많아졌다.

3. 음식궁합

YES

오이 : 비타민이 풍부한 오이를 철, 칼슘 등 무기질이 많은 톳과 함께 섭취하면 영양이 높아진다.

식초 : 식초의 신맛이 위 점막을 자극해 위액 분비를 왕성하게 만들고 철분의 흡수를 높여준다.

두부 : 톳에 부족한 라이신(lysine)이 단백질 식품인 두부에 풍부해서 톳과 두부를 함께 먹으면 서로에게 부족한 영양소를 보충할 수 있다.

4. 재료이야기

1) 종류

톳을 녹미채라고도 부르며 건조한 것, 잎과 줄기를 따로 말려 저장한 것 등 가공방법에 따라 말린 녹미채, 싹 녹미채, 긴 녹미채라고 부른다.

2) 재료 구입법

생톳은 광택이 있으면서 굵기가 일정한 것이 좋으며 봄에서 초여름에 가장 연하고 맛이 좋다.

3) 재료 보관법

소금기를 제거하고 깨끗이 씻어 비닐봉지에 넣어 냉장보관한다.

5. 맛있는 조리방법

- 톳솥영양밥 : 데친 톳을 참기름양념하여 불린 쌀과 찹쌀, 잘게 썬 밤, 은행을 얹어 밥을 짓고, 양념장을 곁들여 낸다.
- 톳두부무침 : 손질한 톳은 물기를 제거한 후 으깬 두부와 양념장을 넣고 무친다.
- 톳들깨죽 : 들깨를 곱게 갈아 들깨국물을 준비하고, 수수가루와 파래가루를 넣고 반죽하여 경단을 만들어 녹말가루를 묻힌다. 들깨국물을 끓여 손질한 톳과 경단을 넣고 소금으로 간을 하여 끓여낸다.

톳들깨죽

- 톳냉국 : 손질한 톳과 부추 · 깻잎은 적당하게 썰어 다시마육수에 국간장, 식초, 고춧가루, 파, 마늘, 설탕을 넣고 얼음을 띄운다.
- 톳나물초무침 : 생톳을 데쳐서 적당히 썰고 절인 무채와 어슷 썬 오이를 모두 섞어 양념장으로 무친다.

이것이 궁금해요?

Q 톳은 어떻게 사용해야 하나요?

A 톳을 불릴 때 식초를 약간 첨가하거나 톳을 데칠 때 식초와 소금을 약간 넣어 데치면 비린 맛이 덜하고 신선하게 먹을 수 있어요. 또 톳을 햇볕에 건조시켜서 마른 상태로 보관하는 방법과 쪄서 진공포장하는 방법이 있는데 집에서는 햇볕에 건조시키는 방법이 좋아요.

식품재료의 모든 것 4월

소화성이 우수한 도미

봄철 산나물의 왕자 두릅

천연 항암제 머위

봄철 뼈째 먹는 생선 병어

맛과 향이 산뜻해 입맛을 돋우는 쑥갓

소화성이 우수한
도미(Sea Bream)

1. 역사이야기

도미는 온대성 어족으로 세계 대부분의 바다에 분포되어 있으며 우리나라, 중국, 동남아시아 연해에서 많이 잡히고 완도, 해남, 제주도가 주요 산지이다.

수심 50~100m에서 살지만 산란기인 3~4월경에 얕은 곳으로 올라와 영양분이 축적되어 가장 맛있다.

홍선표의 『조선요리학』에서는 도미가 봄철에 왜 맛있는지에 대해 도미의 참맛을 설명하였다. 우리나라와 일본에서는 예로부터 도미를 으뜸으로 치고 특히 일본에서는 도미를 생선 중에 왕으로 치고 있어 생선회, 구이, 찜, 탕으로 다양하게 이용하고 있다. '승기악탕(勝妓樂湯)'의 일화를 보면 성종 때 허종이란 사람이 함경도 주민을 못살게 하는 변방 오랑캐를 물리치려 의주에 왔을 때 주민

도미는 산지와 크기에 따라서 그 맛이 다른데 봄철 3~4월경이 가장 맛이 좋으며 체중이 150~225g의 성체가 되기 직전의 30cm 정도의 암컷도미가 가장 맛있어 수컷보다 맛이 좋다.

들이 환영하며 도미찜을 만들어 바쳤는데 하도 맛이 좋아 도미 음식명을 기생에 비교하여 붙였다고 한다. 1800년대 빙허각 이씨가 쓴『규합총서』에도 도미찜을 '승기악탕'이라 했는데 도미찜 맛이 기생들과 노는 즐거움보다 낫다는 뜻으로 기록하고 있다.

2. 영양과 효능

도미는 단백질이 18~21%, 지질이 1.8~6%인 고단백, 저지방식품으로, 양질의 아미노산균형을 이루며 곡류에 부족한 필수아미노산이 기준치보다 라이신(lysine)이 5배, 트레오닌(threonine)이 2배 많고 비타민 B_1, B_2가 풍부한데 이는 주로 껍질부분에 많다.

양식산은 자연산에 비해 EPA(eicosapentaenoic acid)와 DHA(docosa hexaenoic acid)가 많은데 이는 사료의 도움 때문이며, 도미는 다른 생선에 비해 타우린(taurine)이 풍부하여 고혈압, 동맥경화 예방에 좋다.

도미는 산지와 크기에 따라 그 맛이 다른데 봄철인 3~4월경이 가장 맛이 좋으며 참돔의 경우 성체가 되기 직전 30cm 정도의 암컷 도미가 가장 맛있어 수컷보다 맛이 좋다. 참도미는 특히 대가리 쪽의 눈이 가장 맛있는데 이는 콘드로이틴황산(chondroitin sulfate)이라는 점질성 뮤코다당(mucopolysaccharide)류가 함유되어 있기 때문으로 도미의 콘드로이틴황산은 노화억제, 피부미용, 관절의 윤활작용을 한다.

도미는 단백질이 18~21%, 지질이 1.8~6%인 고단백, 저지방식품으로, 양질의 아미노산균형을 이루며 곡류에 부족한 필수아미노산이 기준치보다 라이신(lysine)이 5배, 트레오닌(threonine)이 2배 많고 비타민 B_1, B_2가 풍부한데 이는 주로 껍질부분에 많다.

3. 음식궁합

YES	**산수유 :** 스태미나 증진에 좋다. **무 :** 생선의 비린 맛을 제거하는 무는 도미에 부족한 비타민과 섬유소를 보충해 주는 효과가 있어 궁합이 잘 맞는 식품이다.

4. 재료이야기

1) 종류

- 감성돔 : 도미 중에 색이 가장 짙다. 도미 중 성장속도가 늦고 어릴 땐 수컷이고 성어가 되면 암컷이 된다. 갯 냄새가 약간 나지만 살이 단단하여 횟감으로 쓰인다.
- 참돔 : 우리나라와 일본에서 고급어종에 속하나 유럽에서는 하급에 취급된다. 지질이 적어 식중독 발생도 적다. 눈 주위에 뮤코다당류가 있어 맛이 좋다. 도미의 수명은 20~30년 정도로 긴 특징이 있다.
- 돌돔 : 참돔이 사라지는 여름철이 제철이다. 껍질에 세로띠가 있어 줄돔이라고 한다. 성어가 되면 암컷은 줄이 연해지고 수컷은 줄이 없어진다.
- 붉돔 : 참돔과 비슷하나 대가리 윗부분에 경사가 급하다. 우리나라 남해, 동해, 서해안 연안과 동중국해, 대만, 필리핀 연해에 분포되었다.
- 옥돔 : 큰 이동은 하지 않으나 가을에는 북쪽, 봄에는 남쪽으로 이동한다. 제주도의 특산 어종으로 주로 냉동식품으로 판매되고 있다.

2) 재료 구입법

색이 선명하고 손으로 눌렀을 때 살이 단단하며 악취가 없어야 한다. 점액질의 물질이 분비되지 않고 비늘이 단단하게 붙어 있어야 한다.

3) 재료 보관법

재료 구입 후 바로 조리하는 것이 좋으며 냉장에서는 2~3일 보관하는 게 좋고 냉동에는 6개월 보관이 가능하다. 보관 시에는 생선의 냄새가 다른 음식에 배지 않도록 밀봉하여 보관한다. 도미를 사용할 때에는 무를 어슷썰어 도미비늘을 긁어주면 비늘이 무에 박혀 튀지 않고 간편하게 제거 할 수 있다. 통으로 조리할 때는 아가미를 벌려 내장을 빼내고 손질한다.

5. 맛있는 조리방법

- 도미국 : 도미의 비늘과 내장을 제거하고 토막내어 소금을 조금 뿌려 놓았다가 끓는 물을 끼얹어 찬물에 헹군 뒤 불순물을 제거하고 쇠고기를 양념하여 먼저 볶다가 물을 붓고 끓인다. 도미와 청・홍고추를 넣고 소금으로 간을 맞추고 쑥갓을 넣는다.
- 도미어알탕 : 도미살을 다져서 달걀 흰자와 녹말가루, 다진 파・마늘, 생강즙, 소금, 후춧가루를 넣고 끈기 있게 치대어 동글게 완자를 빚어 녹말가루에 굴려 찐다. 쇠고기장국이 끓으면 어알과 실파를 넣는다. 고명으로 달걀지단을 얹는다.
- 도미회비빔밥 : 도미를 회를 떠서 준비한 후 잘 지어진 밥에 상추, 깻잎, 쑥갓, 미나리 등의 채소와 풋고추, 마늘 썬 것을 올려 얹고 고추장과 참기름을 넣어 비벼 먹는다.
- 레몬도미구이 : 도미를 손질하여 슬라이스한 레몬과 오일, 소금을 골고루 뿌려 재운다. 도미를 오븐 팬에 얹어 예열된 오븐에서 30분 정도 굽는다.
- 도미우엉조림 : 도미는 손질하여 등분한 뒤 칼집을 넣어준다. 어슷썬 우엉, 조림장, 채소물을 먼저

끓이다가 도미와 우엉, 꽈리고추를 넣고 약한 불에서 조린다.

• 도미찜 : 깨끗이 손질한 도미는 양면에 칼집을 넣어 소금, 후춧가루, 생강즙, 청주에 재우고 다진 쇠고기는 불고기양념한다. 석이버섯은 따뜻한 물에 불리고 이끼를 제거한 뒤 채 썰어 팬에 참기름을 둘러 살짝 볶고, 청 · 홍고추는 씨를 제거해서 곱게 채 썬 후 각각 기름에 볶는다. 김 오른 찜통에 도미를 넣고 15분 정도 쪄서 다 익으면 양념장에 살짝 조리고 미리 준비한 재료들을 올려 완성한다.

도미찜

이것이 궁금해요?

Q 도미 같은 생선의 비린내를 없애는 방법을 알려주세요.

A 생선 비린내의 주성분인 트리메틸아민(trimethylamine)은 수용성이므로 물로 씻으면 많이 제거되고 식초나 레몬즙과 같은 산을 첨가하거나 우유에 담갔다가 조리하면 비린내를 감소시킬 수 있습니다. 조리 시 향신채(파, 마늘, 양파, 후추, 생강, 고추, 겨자 등)를 이용하면 비린내가 감소되고, 전통장류(된장, 고추장)를 넣거나 술이나 미림도 비린내를 제거하는 효과가 있지요.

재미있는 음식이야기

• 도덕적인 물고기 도미

도미는 아름답고 절개가 굳은 아내를 둔 백제 사람이었다. 그런데 백제에 개루왕(백제 4대왕)이라는 망나니 왕이 있었다. 개루왕은 도미를 불러 "대개 부인의 덕이 정결하다 하나 으슥한 곳에서 잘 꾀기만 하면 마음이 변할 이가 많다"고 하니, 도미는 머리를 가로저으며 "사람의 마음은 헤아릴 수 없으나 신의 아내는 죽을망정 딴 뜻은 없소이다"라고 답했고, 개루왕은 도미를 잡아들인 다음 신하를 왕으로 꾸며 한밤중에 도미의 집에 보냈다. 가짜 왕은 도미와 내기해서 이겨 그녀를 차지하게 되었다며 동침을 요구했다. 그녀는 옷을 갈아입고 들어오겠다는 핑계를 대고 나가서 여종을 변장시켜 대신 들여보냈다. 왕은 뒤늦게 속았다는 사실을 알고 화가 나서 도미의 두 눈알을 뽑고 배에 태워 바다에 띄워 보내버렸다. 그리고 또 동침하기를 요구했다. 아름답고 절개가 굳고 거기다 현명하기까지 한 그녀는 몸을 씻고 오겠다며 살짝 빠져나와 강가에 이르러 하늘을 우러러보며 방성대곡을 했다. 이때 난데없이 파도에 밀려온 조각배 한 척을 타고 도착한 천성도(泉城島)에 눈먼 남편이 살아 있었고 둘은 고구려로 망명하여 잘 살았다는 이야기가 『삼국사기』에 수록되었다. 그러나 김부식은 역사책을 쓰면서 여주인공의 이름을 빠뜨리는 중대한 실수를 저질러 정절을 지켰던 그녀의 이름은 전해지지 않는다.

봄철 산나물의 왕자 두릅(Edible Shoots of a Fatsia)

1. 역사이야기

'목말채', '모두채'라 불리기도 하는 두릅은 두릅나무 낙엽관목의 어린순으로 나무 전체에 가시가 많다. 중국, 일본, 러시아 및 우리나라 전국 양지바른 산기슭이나 골짜기에서 자란다. 자연산 두릅은 4월 초순부터 5월 상순경 어린순을 따서 먹는데 독특한 향이 일품이다.

두릅의 새순은 나뭇가지 끝에 하나밖에 나지 않는데다 같은 나무라 해도 한꺼번에 올라오지 않기 때문에 많이 채취할 수 없고, 두릅나무는 여기저기 흩어져 자라기 때문이다. 봄철의 두릅은 금(金)이요, 가을의 두릅은 은(銀)이라는 말이 있을 정도로 산나물의 제왕으로 불리는 고급나물이다. 두릅순을 채취할 때는 가지가 부러지지 않게 조심하면서 가시에 찔리지 않도록 잎이 몇 개씩 붙어 있는 부분을 손으로 비틀듯이 하여 딴다.

두릅에 들어 있는 사포닌(saponin)과 비타민 C 성분이 암 유발물질인 나이트로사민(nitrosamine)을 억제시키며 피로를 풀고 혈액순환을 좋게 한다.

두릅의 종류는 크게 가시가 많은 것과 가시가 거의 없는 것으로 구분한다. 가시가 없는 것은 가시가 많은 것에 비해 싹트는 시기가 3~4일 정도 늦다. 그 대신 가지와 새순에 가시가 없는 것은 새순이 올라오는 시기가 일정하다. 백화점이나 시장에서는 이를 참두릅이라 하여 값비싸게 판매하고 있다.

2. 영양과 효능

두릅은 수분이 85%, 단백질이 6%, 당질이 3.4%, 섬유질이 2.5% 함유되어 있고 무기질도 풍부하며 비타민 B_1, B_2, C도 함유되어 있다. 두릅에 들어 있는 사포닌(saponin)과 비타민 C성분이 암 유발물질인 나이트로사민(nitrosamine)을 억제시키며 피로를 풀고 혈액순환을 좋게 한다. 최근 연구결과 간암세포 억제효과가 산나물 가운데 가장 좋은 것으로 나타났다.

두릅의 껍질을 벗겨 말린 것은 '총목피(楤木皮)'라 하는데 당뇨병과 신장병의 치료에 쓰인다. 한방에서 두릅은 심신피로, 위암, 신경쇠약, 당뇨병, 남자의 발기력장애 등의 약재로 사용되며 두릅의 나무껍질도 약재로 사용된다. 특히 신경통과 혈압을 다스리는 효과가 높아 한방에서는 중요한 약재로 취급한다.

『동의보감』에서는 땅두릅을 독활(獨活)이라 하며 「탕약편」에 "독활은 성질이 평하고(性平), 맛은 달고 쓰며(味甘苦), 무독(無毒)하다"고 기록되어 있다. 땅두릅은 차로도 이용할 수 있는데 땅두릅차를 장복하면 각종 중풍을 예방할 수 있고 강장제 역할을 하며, 관절염 및 당뇨병을 치료할 수 있고 심장병도 다스릴 수 있다고 하며, 땅두릅의 어린순에는 항산화작용이 있다고 보고되었다.

두릅의 껍질을 벗겨 말린 것은 '총목피(楤木皮)'라 하는데 당뇨병과 신장병의 치료에 쓰인다. 한방에서 두릅은 심신피로, 위암, 신경쇠약, 당뇨병, 남자의 발기력장애 등의 약재로 사용되며 두릅의 나무껍질도 약재로 사용된다.

3. 음식궁합

YES

마늘 : 두릅과 마늘을 함께 먹으면 노화방지에 좋은 항산화물질이 많아지고 혈압을 개선해준다.

소고기 : 기력이 쇠해진 분들이 섭취하면 좋다.

초고추장 : 두릅은 단백질과 회분이 많고, 비타민 C도 풍부하여 초고추장에 찍어 먹거나 무치면 두릅 특유의 향과 씹는 맛을 즐길 수 있으며 입맛도 돋을 수 있어 일석이조의 효과를 볼 수 있다.

4. 재료이야기

1) 종류

- 나무두릅 : 나무에서 새순이 피는 것을 나무두릅이라 하는데 나무두릅의 나무껍질과 뿌리는 약재로 쓰이고, 나무두릅의 순은 생으로 먹지 않고 데치거나 튀겨 먹는다.
- 민두릅 : 줄기에 가시가 없어 관리하기에 용이하며 새순의 품질이 우수한 신품종이며 일부 민두릅 품종은 내한성이 매우 약하여 남부와 제주지역에서만 재배가 가능한 품종이다.
- 땅두릅 : 4~5월에 돋아나는 새순을 땅을 파서 잘라낸 것을 땅두릅이라 하며 나무두릅과 달리 생으로 먹는 것이 가능하다.

2) 재료 구입법

향기가 강하고 껍질이 마르지 않아야 하고 두릅순이 굵고 연한 것을 고른다. 두릅에 새순이 피지 않고 길이가 짧으며 붉은 껍질이 붙어 있는 것이 좋다.

3) 재료 보관법

두릅은 스프레이로 물을 뿌려 신문지에 싸서 냉장실에 보관한다. 향이 있어 오래 보관하지 않는 것이 좋다. 오래 보관하기 위해 소금에 절이거나 얼리기도 한다. 두릅을 데쳐서 사용할 때는 덜 삶으면 색이 검게 변하므로 충분히 삶는 것이 좋다.

5. 맛있는 조리방법

- 두릅무침 : 두릅의 단단한 줄기부분은 떼어내고 끓는 물에 데쳐 물기를 뺀다. 볼에 양념장을 준비하여 데친 두릅을 넣고 무친다.
- 두릅숙회 : 두릅 끝부분의 껍질을 벗긴 다음 밑동에 칼집을 넣어 끓는 물에 소금을 넣고 밑동부터 살짝 데쳐 찬물에 씻고 초고추장을 만들어 곁들여 낸다.
- 두릅튀김 : 두릅을 씻어 물기를 제거하고 덧가루를 묻힌 다음 튀김옷을 입혀 기름에 튀긴다. 초간장을 곁들여 낸다.
- 두릅물김치 : 보라색 껍질의 두릅을 골라 살짝 데쳐, 고춧가루로 무쳐서 항아리에 담는다. 두릅 삶은 물에 소금을 넣고 두릅이 잠길 정도로 부어 김칫국으로 사용한다.
- 두릅장아찌 : 두릅은 깨끗이 씻어 물기를 뺀 다음 항아리에 담는다.
  채소물 : 간장 : 설탕 : 식초 = 1 : 1 : 1 : 1의 비율로 항아리에 부어준다.

두릅숙회

이것이 궁금해요? Q&A

Q 두릅과 엄나무 모양이 비슷해요. 어떻게 구별하면 되나요?

A 두릅과 엄나무는 모두 봄철에 이른 싹을 나물로 해 먹는데 서로가 비슷해서 혼동하는 경우가 많아요. 두릅순은 참두릅이라 하고 엄나무순은 개두릅이라 부르는데 두릅나무는 가시가 작고 촘촘하고 엄나무는 가시가 크고 듬성듬성하고 억셉니다.

재미있는 음식이야기

• 김구 선생의 두릅 일화

백범 김구 선생이 유난히 두릅을 좋아하셨다는 얘기도 있다. "두릅은 비록 가시가 비쭉거려 못생겼지만 그 새살은 얼마나 부드럽고 향기로운지 모르오." 그는 임정요인들에게도 춘삼월이 오면 마곡사 뒷산의 두릅나무 이야기를 자주 했다는 일화가 있다.

Memo

천연 항암제 머위(Butter Bur)

1. 역사이야기

머위는 국화과의 여러해살이풀로 우리나라와 중국, 일본 등지에 널리 분포되어 있다. 낮은 산과 들판의 습지에서 자라며 번식력이 강하다. 우리나라에서 좋아하는 산나물 중 하나로 농약을 거의 사용하지 않고 재배하는 것으로 알려지면서 친환경 농산물로 각광받고 있다.

머위는 '잎이 먹물처럼 짙푸르다.'는 뜻을 가졌고 꽃이 피는 나물이라 하여 봉두채(蜂斗菜)라 하며 지방바다 부르는 이름이 다른데 제주도에서는 꼼치, 영남지방은 머구, 강원도 일부 지방에서는 머우, 일부 지방에서는 머으 · 머귀 · 머윗대 · 머웃대라 부른다. 이름이 다양한 것을 보면 우리 선조들이 오래전부터 즐겨 먹었다는 것을 짐작할 수 있다.

씁쓸한 맛을 내는 페타시딘과 이소페타시딘, 캠페롤(kaempferol) 등이 함유되어 있고 잎은 플라보노이드(flavonoid)와 사포닌(saponin)이 함유되어 있다.

한방에서는 꽃을 관동화(款冬花)라 하여 약재로 사용하고 뿌리, 잎, 줄기 모두 버릴 것 없이 식용과 약용으로 쓰이고 있다.

또한 머위는 약간의 쓴맛이 있으면서 특유의 향기가 있어 토종 허브라고도 불린다. 봄에는 연한 잎과 줄기를 나물로 먹으며 봄 이후 가을까지는 잎이 크고 억세져 머윗대 겉껍질을 벗겨 데쳐 먹는다. 잎을 먹을 수 있는 봄은 잠깐이지만 줄기는 가을까지 먹으며 특유의 향과 감칠맛으로 줄기요리를 더 즐긴다.

2. 영양과 효능

머위는 수분이 89%, 탄수화물이 6%로 비타민 A가 많으며 칼슘, 인, 철 등의 무기질도 풍부한 알칼리성 식품이다. 머위는 산성으로 변해가는 체질을 중화시키며 미네랄과 섬유소가 풍부하여 제철에 꾸준히 섭취하면 골다공증과 변비 예방에 좋다. 씁쓸한 맛을 내는 페타시딘과 이소페타시딘, 캠페롤(kaempferol) 등이 함유되어 있고 잎은 플라보노이드(flavonoid)와 사포닌(saponin)이 함유되어 있다.

그리고 머위는 우리나라에서는 주로 나물로 먹거나 간혹 뱀이나 벌레에 물린 상처를 치료할 때 사용되기도 하지만 독일, 스위스, 프랑스에서는 머위가 항암작용이 뛰어난 것으로 알려져 항암제로 개발할 정도로 그 효능을 인정받고 있다.

머위는 수분이 89%, 탄수화물이 6%로 비타민 A가 많으며 칼슘, 인, 철 등의 무기질도 풍부한 알칼리성 식품이다. 머위는 산성으로 변해가는 체질을 중화시키며 미네랄과 섬유소가 풍부하여 제철에 꾸준히 섭취하면 골다공증과 변비 예방에 좋다.

3. 음식궁합

YES

들깨 : 섬유소가 많은 머위를 들깨즙과 조리하면 머위의 맛이 부드러워지고 들깨의 불포화지방산으로 콜레스테롤 제거와 성인병 예방에 좋다.

붕어 : 머위와 함께 먹으면 붕어의 비위기능 보강작용이 상승하고 붕어를 먹고 식중독을 일으키지 않게 예방한다.

육류 : 소화가 더 잘되고 소화불량 증상을 개선한다.

호박 : 호박과 머위를 배합하면 기침을 가라앉히고 간장의 기능을 보호한다. 머위잎이나 어린 꽃대, 또는 꽃에도 같은 성분이 들어 있으므로 함께 배합해도 효과적이다.

4. 재료이야기

1) 종류

머위의 종류로는 털머위와 갯머위가 있으며 털머위는 잎도 나물로 먹고 습진이나 부스럼 등에 효과적이다.

2) 재료 구입법

잎은 진한 녹색을 가진 것이 좋고 머위의 줄기가 너무 굵거나 가늘지 않고 통통한 것을 고른다.

3) 재료 보관법

줄기를 삶아 껍질을 벗긴 머위는 찬물에 담가 쓴맛을 우려낸 후 물기를 빼서 비닐봉지에 담아 냉동실에 보관한다.

5. 맛있는 조리방법

- 머윗대무침 : 머윗대를 삶아서 겉줄기를 벗기고 적당한 길이로 자른다. 두부를 곱게 으깬 뒤 삶아 놓은 머윗대와 양념하여 섞은 뒤 간을 맞춘다.
- 머위나물무침 : 머위잎은 어리고 부드러운 것을 다듬어 끓는 물에 데쳐서 물기를 뺀 뒤 양념을 넣어 무친다.
- 머위쌈 : 새순이나 어린잎을 끓는 물에 살짝 데친다. 물에 하루 정도 담가 쓴맛을 우려낸 뒤 된장, 초고추장에 찍어 먹거나 쌈으로 먹는다.
- 들깨즙머위나물 : 머위를 데친 뒤 적당히 썰어 간을 해서 들기름으로 볶는다. 육수를 넣고 끓이다가 들깻가루를 넣는다.
- 머위장아찌 : 물에 담가두었던 머위(머위 특유의 쓴맛을 줄이기 위해 하루 정도 물에 담가 사용하는 것이 좋다.)는 체에 밭친 뒤 냄비에 물과 약간의 소금을 넣고 데쳐 물기를 꽉 짜준다. 물, 간장, 설탕, 식초, 슬라이스 마늘을 냄비에 끓여 식혀 장아찌간장을 만든 뒤 용기에 머위와 함께 넣어 보관한다.
- 머위쌈밥 : 머위잎은 냄비에 소금과 물을 넣고 데친 뒤 물기를 짜서 준비한다. 밥은 참기름, 통깨, 맛소금을 넣고 간을 하여 준비하고 배추김치를 볶는다. 모든 재료가 준비되었으면 머위잎에 밥과 볶은 김치를 올려 쌈밥으로 만들어낸다.

머윗대무침

이것이 궁금해요? Q&A

Q 머위를 먹으면 아토피에 좋다는 얘기가 있던데 사실인가요?

A 머위에 풍부한 퀘르세틴(quercetin)은 피부를 보호해 주는 효능이 뛰어나 피부의 염증이나 아토피 등의 치료에 도움을 줍니다. 또 머위에 함유되어 있는 비타민 A는 피부노화방지에도 좋아요.

봄철 뼈째 먹는 생선 병어(Pomfret/Butterfish)

1. 역사이야기

병어는 경골어류 병어목 농어목과에 속하는 난류성 어류로 우리나라 서남해와 동해, 일본, 남부 동중국해에 많이 분포한다. 『신증동국여지승람』의 「토산조」에는 경기도와 전라도 몇몇 지방의 토산물로 실려 있어 오래전부터 즐겨 먹었음을 알 수 있다.

병어는 몸길이가 30~60cm이며 둥그스름한 마름모형으로 좌우는 평평하고 청색을 띤 은색으로 금속 광택색을 가졌다. 주둥이는 아래턱이 튀어나와 있으나 짧고 둔하며 입이 아주 작다. 온몸이 떨어지기 쉬운 가는 비늘로 덮여 있어 요리할 때 한두 번 긁으면 다 벗겨진다. 『자산어보』에는 "큰 놈은 두 자 정도이다. 대가리가 작고 목덜미가 움츠러들어 있고 꼬리가 짧으며 등이 튀어나오고 배도 튀어나와 그 모양이 사방으로 길이와 높이가 거의 비슷하고 뼈가 연해 회나 구이, 국에도 좋다"고 묘사하였다.

병어는 단백질이 15%, 지질이 11%, 비타민 B_1, B_2가 풍부하다. 지방질이 적어 소화가 잘 되며 살이 부드럽고 맛이 담백하여 어린이나 노약자, 병후 회복기 환자에게 좋고 열량이 낮아 다이어트에 효과적이다.

병어는 지방마다 병치, 벵에, 편어, 병단으로 불리며 떼로 다닌다고 해서 병어(兵魚), 떡처럼 넓적하다고 병어(餠魚)라 하였다. 병어는 양식이 쉽지 않아 귀한 생선이며 해마다 6월이면 신안군에서는 병어축제가 열린다.

병어는 잔가시가 없고 살이 연하고 맛이 담백하며 비린내가 나지 않아 뼈째 썰어 회로 먹으며 구이, 조림, 찜, 찌개 등 다양한 방법으로 조리한다.

2. 영양과 효능

병어는 단백질이 15%, 지질이 11%, 비타민 B_1, B_2가 풍부하다. 지방질이 적어 소화가 잘되며 살이 부드럽고 맛이 담백하여 어린이나 노약자, 병후 회복기 환자에게 좋고 열량이 낮아 다이어트에 효과적이다. 특히 비타민 B_1은 피로회복에 도움을 주며, 비타민 A 함유량도 높아 항암작용을 하고 시력을 보호한다.

3. 음식궁합

YES

무 : 무에는 소화효소가 풍부하기 때문에 단백질과 비타민 B_1, B_2가 많은 병어의 소화흡수율을 높여줄 수 있다.

당귀 : 근육과 뼈에 좋다.

귤껍질 : 소화를 돕는다.

4. 재료이야기

1) 종류

- 세멘시나 병어 : 일본의 남방지역, 남중국해에 분포한다. 지느러미 끝이 검은색이며 가을이 제철인 고급생선으로 맛이 일품이다.
- 병어돔 : 중국과 홍콩에서는 '황라창'이라 하며 양식도 가능하여 쉽게 볼 수 있다.
- 연어병치 : 최대 1m까지 자라며 '독도돔'이라 불린다. 산란기는 겨울에서 봄까지이며 가을과 겨울에 맛이 좋다.

2) 재료 구입법

병어는 잔비늘이 있어 쉽게 떨어지므로 비늘이 많이 붙어 있고 색이 선명한 푸른빛을 띤 은백색이며 살이 단단하여 탄력이 있고 표면에 윤기가 흐르는 것을 선택한다.

3) 재료 보관법

병어는 내장을 제거하여 표면을 깨끗이 손질한 뒤 씻어서 칼집을 넣고 소금을 뿌려 랩을 씌워 냉장이나 냉동보관한다. 보관 시 생선 냄새가 다른 음식에 배지 않도록 밀봉하여 보관한다.

5. 맛있는 조리방법

- 병어고추장양념구이 : 병어는 1cm 간격으로 칼집을 넣어 유장에 재운 다음 고추장양념을 만들어 2~3번 덧바르면서 불에 잘 굽는다.
- 병어감정 : 감정은 고추장찌개이다. 병어의 살을 포 떠서 2cm 정도 두께로 썰어 냄비에 무를 깔고 고추장양념장을 넣고 끼얹어가며 물이 흥건하지 않게 조린다.

• 병어회국수 : 소면은 삶고 병어는 포를 떠서 썰고 미역, 오이, 양배추 등은 채 썰어 그릇에 담은 뒤 멸치육수를 부어준다.

• 병어찜 : 병어는 비닐과 내장을 제거하고 밑간한 후 찜솥에 대파를 깔고 마늘편과 생강편을 얹어 김 오른 찜통에 찐 후 양념장을 뿌린다.

• 병어회무침 : 병어는 손질하여 대가리를 자르고 3장 뜨기를 하여 결 반대방향으로 0.5cm 두께로 썬다. 참나물은 씻어 긴 줄기는 자르고 오이는 어슷썬다. 초고추장을 만들어 볼에 채소를 넣고 병어를 올려 초고추장을 넣고 버무린다.

병어고추장양념구이

이것이 궁금해요?

Q 병어와 덕대의 차이를 알려주세요.

A 병어와 덕대는 똑같은 농어목 병어과로 같은 분류학상에 있습니다. 덕대가 병어보다 값이 훨씬 비싼데 그것은 덕대의 개체수가 적기 때문입니다. 덕대는 병어와 비교해서 꼬리지느러미에서 차이가 있는데 덕대는 꼬리의 지느러미 아랫부분이 병어보다 길고 엇비슷하여 구별하기 쉽진 않아요.

재미있는 음식이야기

• 병어예찬 정약용

『자산어보』에서 손암 정약전이 지적한 것처럼 병어는 대가리가 작고 목덜미가 움츠러들어 있고 마름모꼴이다. 그래서 '축항어'라 불리기도 했다. 어부의 도움을 받아 병어의 특징을 잘 살핀 형과 달리 동생 다산(정약용)은 맛에 푹 빠졌다. 다산은 자신의 시 〈여름에 읍청루에서 목, 정자, 조영 등 제공을 모시고 술을 마시며〉에서 "저 뱃길로 옛적에는 장요미(長腰米)라는 쌀을 바쳤는데, 갯가 저자 오늘날 축항어(縮項魚)를 사온다오"라며 병어를 예찬했다.

Memo

맛과 향이 산뜻해 입맛을 돋우는 쑥갓(Crown Daisy)

1. 역사이야기

쑥갓은 국화과에 속하는 일년생 식물이었으나 지금은 1년 내내 재배가 가능한 채소이다. 지중해 연안이 원산지이지만 동양권인 우리나라와 중국, 일본 등지에서만 식용으로 사용하며 유럽에서는 화분에 심어 관상용으로만 즐긴다. 서늘한 기후를 좋아해서 15~20℃가 생육 적온이며, 크기는 30~60cm 정도로 자란다. 잎은 녹색이고 털이 없으며 다육질로 살이 많고 줄기가 연한 것이 특징이다.

쑥갓의 한약명은 동호(茼蒿)로 쑥갓나물은 동호채(茼蒿菜) 또는 애국채(艾菊菜)라 하며 최세진의 『훈몽자회』에는 봉호(蓬蒿) 또는 호초(蒿草), 청호(青蒿)라는 이름으로 최초에 기록되어 있다.

쑥갓은 특유의 향기가 있어 생채나 나물로 이용하며 쌈, 튀김, 국, 찌개, 샐러드 등에도 사용되며 음식의 맛을 돋운다.

섬유소가 많아 장의 기능을 활발하게 해주며 몸의 기운을 순환시켜 소화기관을 튼튼하게 한다. 쑥갓은 날로 먹는 것이 가장 좋으나 비타민 C를 파괴하는 아스코르비나아제 효소가 있어 비타민 C가 파괴될 수 있다.

2. 영양과 효능

쑥갓은 수분 90%, 당질 2.80g, 단백질 2.70g, 비타민 A, E, C가 많으며 칼륨, 철, 인 등의 무기질도 풍부하다. 쑥갓에는 비타민 A와 칼슘이 다른 채소에 비해 비교적 풍부하여 쑥갓을 120g가량 먹으면 하루의 필요량이 충분하다.

또한 섬유소가 많아 장의 기능을 활발하게 해주며 몸의 기운을 순환시켜 소화기관을 튼튼하게 한다. 쑥갓은 날로 먹는 것이 가장 좋으나 비타민 C를 파괴하는 아스코르비나아제 효소가 있어 비타민 C가 파괴될 수 있다.

또한 쑥갓은 몸속의 기운을 순환시켜 소화기관을 튼튼하게 하고 가래를 없애주며, 섬유소로 인하여 변통이나 소변 배설을 수월하게 하고, 위하수나 위 불쾌증을 없애주는 약재로 이용된다. 옛날부터 위를 따뜻하게 하고 장을 튼튼하게 해주는 채소로 이용되어 왔다. 쑥갓에 함유되어 있는 식이섬유는 인체가 생성하는 소화효소에 의하여 분해되지 않는 복합 다당류이다. 식이섬유의 섭취로 혈당, 체중조절, 혈중 콜레스테롤 함량 저하 등의 효과를 기대할 수 있다.

3. 음식궁합

YES

셀러리 : 즙을 내어 먹으면 고혈압에 좋다. 쑥갓에는 모세혈관을 확장하고 혈압을 강하하는 마그네슘이 풍부하며, 셀러리 역시 혈압강하에 효과가 있고 이뇨작용과 피를 맑게 하는 정혈작용을 한다.

씀바귀 : 춘곤증, 가래, 소변배출을 원활하게 하는 효과가 있다. 이 두 가지 재료 모두 심신을 안정시키는 효능을 가지고 있다.

솔잎 : 심장, 고혈압에 좋다.

참기름 : 영양소 흡수가 좋아진다.

조개 : 조개는 아미노산 등 우수한 단백질과 철분이 풍부하나 적혈구를 만들 때 필요한 엽록소나 비타민 A, C는 거의 없다. 그러나 쑥갓은 엽록소가 풍부하고 비타민 A, C가 많아 적혈구 생성에 도움을 주고, 피 속의 콜레스테롤 수치를 낮추는 작용을 한다. 동맥경화와 고혈압에 좋다.

표고버섯 : 쑥갓에는 비타민과 무기질이 풍부하나 비타민 D의 함량은 다소 적은 편이다. 비타민 D가 풍부한 표고버섯이 이를 보완하여 준다.

4. 재료이야기

1) 종류

- 대엽종 : 잎이 갈라지지 않아서 크고 향기가 적으며 내한성이 떨어진다. 섬유질이 부드러워 쌈채소나 샐러드로 많이 이용된다.
- 중엽종 : 잎이 많이 갈라지고 가늘고 부드러우며 향기가 좋다. 우리나라에서는 중엽종을 재배하고 있다. 연중재배되며 내한성이 강해 겨울에 하우스에서 재배된다.
- 소엽종 : 잎이 작고 폭이 작다. 향은 좋으나 수확량이 적다. 추위와 더위에 강하고 줄기가 바르게 자라며 월동재배가 유리한 품종이다.

2) 재료 구입법

잎이 연하고 광택이 있으며 꽃대가 올라오지 않고 푸르고 신선한 것을 선택한다. 줄기가 짧고 억세지 않고 잘 정리된 것이 좋다.

3) 재료 보관법

쑥갓은 물을 분무한 종이타월이나 신문지에 싸서 냉장고에 보관한다. 쑥갓은 연해서 보관이 어려우므로 오래 저장하기 힘들다. 쓰고 남은 것은 물에 소금을 넣고 데쳐 랩에 싸서 냉동보관한다.

5. 맛있는 조리방법

- 쑥갓나물 : 쑥갓을 손질하여 물에 소금을 넣고 살짝 데친 후 적당하게 썰어 양념을 넣고 가볍게 무친다.
- 쑥갓겉절이 : 쑥갓을 깨끗이 씻어 적당히 썰고 양념장을 만들어 쑥갓에 끼얹은 뒤 참기름을 넣고 살살 무친다.

- 쑥갓튀김 : 쑥갓은 깨끗이 씻어 물기를 뺀다. 쑥갓에 덧가루를 묻혀 가볍게 털어 몇 개씩 모아 튀김옷을 입혀 튀긴다. 초간장을 곁들인다.
- 쑥갓봄배추겉절이 : 배추는 굵은소금에 절여 물기를 제거한다. 쑥갓을 씻어 적당히 자른다. 양념장을 만들어 절인 배추와 쑥갓을 버무려 차게 먹는다.
- 쑥갓연두부샐러드 : 쑥갓은 잎만 뜯고 양파는 채 썬 후 찬물에 담갔다가 건지고, 두부는 잘라 소금을 뿌려 수분을 뺀다. 쑥갓과 양파는 참기름에 버무려 그릇에 담고 두부를 올려 소스를 곁들인다.

쑥갓나물

이것이 궁금해요?

Q 쑥갓과 쑥의 차이점이 뭔가요?

A 쑥과 쑥갓은 전혀 다릅니다. 두 종류가 모두 초롱꽃목, 국화과에 속하지만 쑥은 여러해살이풀이고 잎과 줄기에 털이 있지요.

쑥은 우리 민족과 관계가 깊어 단군신화에도 등장하고, 어린순은 떡에 넣어서 먹거나 된장국을 끓여 먹기도 하며, 약재로 복통·토사(吐瀉)·지혈제나, 냉(冷)으로 인한 생리불순, 자궁출혈 등에 사용되었지요. 여름에 모깃불을 피워 모기를 쫓는 재료로 사용되기도 했지요.

쑥갓은 한두해살이풀이며 털이 없고, 유럽이 원산지인 채소로 오랫동안 재배하여 왔습니다. 서양에서는 관상용으로 심으며 동양에서는 채소로 재배하는데 쑥갓 100g당 비타민 A가 4,950IU나 들어 있어 비타민의 보고이며, 상추쌈에 곁들여 쌈재료로 이용하거나 데쳐서 나물로 먹습니다.

재미있는 음식이야기

• 쑥과 닮은 쑥갓

유럽에서는 쑥갓을 식용이 아니라 화초로 여길 정도로 그 꽃의 색깔과 자태는 국화를 닮았다. 이름에서도 알 수 있듯이 줄기와 잎사귀는 쑥을 닮았는데, 거기에다 예쁜 꽃까지 피우니 이름이 그야말로 '쑥갓'이 된 것이다. 쑥갓은 원산지가 지중해 또는 중국이라는 설이 있으며, 우리나라에는 고려시대나 조선 초쯤 전해진 것으로 알려져 있다. 일본에서는 쑥갓을 고려국(高麗菊)이라 별칭하여 우리나라에서 전래되었음을 말해주고 있다.

Memo

식품재료의 모든 것 5월

칼슘의 왕 멸치

심신을 안정시켜 주는 채소 상추

3대 장수식품 양배추

성장 미네랄(아연)이 풍부한 키조개(패주)

칼슘의 왕 멸치(Anchovy)

1. 역사이야기

멸치는 경골어류 청어목 멸치과에 속하며 우리나라, 중국, 일본의 연안에 분포되어 있다. 조선말기부터 많은 양이 잡혀 우리나라에서는 두 번째로 어획량이 많고 뼈째 먹는 어류로 대표적인 칼슘의 급원이다.

멸치를 멸어, 며어라고 불렀는데 멸치가 물 밖으로 나오면 금방 죽어버리기 때문에 멸(滅)자를 넣어 지어진 이름이라고도 한다. 『자산어보』에서는 멸어(蔑魚)라 하였고 한자어로 추어(鯫魚)라 하였으며 『재물보』에서는 '멋이'라 하였다.

거제 연해와 기장군 해역에서는 봄 멸치가 통영 지방에서는 가을멸치가 많이 잡힌다. 봄 멸치는 주로 액젓으로 담고 가을멸치는 육젓으로 담아 이용되며 남해지방에서는 '죽방렴'이라는 원시적인 방법

멸치는 갱년기 여성들의 골다공증 예방과 산모와 태아에게도 좋은 식품이며 수산물 중 핵산이 가장 많아 20세 이후 핵산(nucleic acid)이 부족하기 쉬운 성인에게 대단히 좋은 식품이다.

으로 멸치를 잡는 곳도 있는데 물가에 대나무를 꽂아서 그물을 쳐놓고 옛날방식으로 잡기 때문에 어획량이 적다.

멸치는 신선도가 쉽게 저하되기 때문에 우리나라에서는 멸치를 삶아 말린 건조멸치로 음식의 육수나 반찬용으로 이용하고, 생멸치는 젓갈, 회, 조림 등에 이용하는데 서양에서는 '앤초비'라 하여 올리브 오일에 절여 샐러드 등에 이용한다.

2. 영양과 효능

멸치는 단백질 17.7%, 지질 4.1%, 칼슘, 철 등이 많으며 필수아미노산이 풍부하여 주식인 밥과 조화를 잘 이루는 식품이다. EPA(eicosapentaenoic acid), DHA(docosa hexaenoic acid) 등 불포화지방산도 풍부하여 성인병 예방 및 성장기 어린이들의 발육에 좋으며 칼슘과 무기질이 풍부하여 골다공증 예방에 탁월한 식품이다. 어패류 중 칼슘이 가장 많아서 멸치는 갱년기 여성들의 골다공증 예방 및 산모와 태아에게도 좋은 식품이다. 수산물 중 핵산이 가장 많아 20세 이후 핵산(nucleic acid)이 부족하기 쉬운 성인에게 대단히 좋은 식품이다.

또한 멸치는 뼈째 먹는 대표적인 생선으로 싼 값으로 우수한 영양을 얻을 수 있는데 멸치를 많이 먹으면 멸치 속의 퓨린(purine)성분이 아미노산을 요산(uric acid)으로 바꾸게 된다. 이 요산은 우리 몸에서 소변으로 꼭 나가야 하는 찌꺼기인데 몸속에서 빠져나가지 못해 발가락 같은 관절에 쌓이면 백혈구가 그것을 바이러스로 착각해서 잡아먹게 되어 통풍성 관절염을 일으킬 수 있다. 마른 멸치에는 생멸치보다 칼슘과 퓨린의 함량이 두 배 이상 많다.

멸치는 뼈째 먹는 대표적인 생선으로 싼 값으로 우수한 영양을 얻을 수 있는데 멸치를 많이 먹으면 멸치 속의 퓨린(purine)성분이 아미노산을 요산(uric acid)으로 바꾸게 된다.

3. 음식궁합

YES

풋고추 : 멸치에는 비타민 C가 함유되어 있지 않다. 반면 풋고추에는 비타민 C가 함유되어 있다. 또한 멸치의 지방성분은 풋고추에 함유된 베타카로틴의 흡수를 높여준다.

감자와 부추 : 철분이 멸치 속 칼슘 흡수를 돕고, 멸치에 부족한 비타민 C를 보충할 수 있다.

버섯 : 버섯에 많은 비타민 D가 칼슘의 흡수를 높인다.

땅콩, 호두 : 땅콩과 호두에 든 마그네슘이 칼슘의 흡수를 높인다.

다시마 : 천연 조미료로 사용되는 멸치가루를 다시마와 함께 사용해 국물요리를 만들면 다시마의 알긴산(alginic acid)이라는 성분이 감칠맛을 더하면서 잡맛을 같이 잡아주기 때문에 음식 맛이 더 좋아진다.

NO

시금치, 무청, 근대 : 시금치, 무청, 근대의 수산염(oxalate)이 멸치의 칼슘 섭취를 방해하고 오히려 칼슘과 결합하여 신장과 방광에 결석(옥살산칼슘결석)을 만들 수 있다.

현미, 콩류, 곡류의 외피 : 현미, 콩류, 곡류의 외피에는 피트산(phytic acid)이라는 천연 항산화제가 많이 분포되어 있는데 이는 무기질의 흡수를 저해시키므로 칼슘 흡수의 효과를 많이 볼 수 없다.

4. 재료이야기

1) 종류

- 세멸(지리멸) : 1.5cm 미만의 어린 멸치로 볶음용으로 쓰이며 뼈가 보이지 않는다.
- 자멸 : 3cm 미만으로 볶음용으로 쓰인다.
- 소멸 : 3.1~4.5cm의 크기로 주로 볶음용 멸치로 쓰이며 가장 적당하다.

- 중멸 : 4.6~7.6cm의 크기로 술안주, 밑반찬 등에 쓰인다.
- 대멸 : 7.7cm 이상의 크기로 주로 국물용으로 사용된다.

2) 재료 구입법

멸치가 은빛이 돌며 대가리와 꼬리지느러미가 온전하고 등 쪽은 암청색이고 복부가 은백색으로 냄새를 맡아 구수한 향이 나는 것이 좋다. 부서진 것은 신선도가 떨어진 것을 가공한 것이며 지나치게 마른 것은 피한다.

3) 재료 보관법

마른 멸치는 지방의 함량이 많아 쉽게 산패하므로 직사광선을 피하고 이물질을 제거하여 비닐에 밀봉하여 냉동보관한다. 생멸치는 성질이 급해서 잡히면 바로 죽어버려 부패가 빨리 진행되므로 잡으면 바로 소금물에 삶아 보관해야 하는데 소금물을 이용하여 데치면 살이 단단하고 윤기가 난다.

5. 맛있는 조리방법

- 생멸치전 : 생멸치의 대가리와 내장을 제거하고 반으로 갈라 씻은 후 실파, 홍고추, 밀가루, 달걀, 소금, 다진 마늘을 넣고 반죽을 하여 전을 부친다.
- 생멸치국 : 끓는 물에 된장과 손질한 멸치를 넣고 삶은 고사리를 넣은 다음 파, 마늘을 넣고 간을 한다.
- 멸치꽈리고추조림 : 멸치와 풋고추는 각각 기름에 볶고, 양념장이 끓으면 볶아둔 멸치와 꽈리고추를 넣고 조리다가 물엿을 넣는다.
- 멸치젓풋고추무침 : 잘 삭은 멸치를 곱게 다져 송송 썬 풋고추와 파, 마늘, 홍고추, 고춧가루, 설탕, 식초, 깨 등을 넣고 무친다.

- 멸치견과류볶음 : 멸치와 견과류(아몬드, 호두)를 마른 팬에 바삭해질 때까지 볶는다. 올리브 오일을 팬에 두르고 바삭하게 한 번 더 볶은 다음 약간의 간장과 물엿, 설탕을 넣고 볶아준다.
- 멸치강정 : 기름에 마늘을 볶다가 올리고당을 넣고 조린 후 잔멸치와 견과류를 넣고 볶는다. 통깨를 넣고 수분이 날아갈 때까지 볶은 후 그릇에 펼쳐 열기가 식으면 동그랗게 빚어준다.

멸치견과볶음

이것이 궁금해요?

Q 비린 맛이 없는 구수한 멸치육수 만드는 방법이 궁금해요.

A 멸치는 특유의 비린내가 있어서 육수를 낼 때에는 마른 팬에 살짝 볶아 비린내를 날린 후 찬물에서부터 끓이는데 15분 정도면 육수가 우러나 비린 맛이 없는 멸치육수를 만들 수 있어요.

재미있는 음식이야기

• 멸치 대가리에 나이테가 있다

이 작은 멸치에 나이테가 있다고 하면 믿기 어렵지만 멸치 대가리에는 분명히 나이테가 있다. 멸치 대가리에는 이석이라는 게 있는데 이것은 주로 몸의 균형을 감지하는 평형기관의 역할을 한다. 이 이석을 쪼개거나 갈아서 보면 나무의 나이테 같은 무늬가 나타나는데 이것이 바로 멸치의 나이를 알려주는 역할을 한다. 심지어 몇 년, 며칠에 태어났는지를 알려주는 일일 성장선도 찾아낼 수 있고 멸치가 살아오면서 겪었던 많은 정보들을 알려준다.

심신을 안정시켜 주는 채소
상추(Lettuce)

1. 역사이야기

상추는 국화과의 재배하는 1년생 초본식물이며 유럽과 서아시아가 원산지로 전 세계적으로 널리 재배되고 있다. 고대 이집트 피라미드벽화에 작물로 기록되어 있을 정도로 상추의 재배역사는 길다.

중국에는 상추에 대한 기록이 당나라 때 처음 나오며 우리나라에는 중국으로부터 전래되어 중국의 문헌에 고려의 상추가 질이 좋다는 기록이 있다. 우리만의 독특한 음식문화를 든다면 쌈문화를 들 수 있는데『농가월령가』에 상추쌈 먹는 광경을 노래하였고 고종과 순종 때 궁에서 먹던 상추쌈차림에서도 우리의 쌈문화를 엿볼 수 있다.

상추는 '부루', '부로', '부룻동' 등으로 부르다가『동문유해』에 '상추'로 불리게 되었으며 상추는 익혀 먹지 않고 날(生)로 먹는다는 뜻

상추는 생것으로 먹기 때문에 영양 손실이 적지만 곁들여 먹는 참기름, 마늘, 파, 된장이 더욱 풍부한 영양의 섭취를 돕는다.

의 생채(生菜)에서 나온 단어이다. 『임원경제지』에서도 "백거, 와거, 고거 등은 끓여 먹는 것이 아니고 날(生)로 먹는 것이기 때문에 생채라 한다"라고 기록되어 있다.

2. 영양과 효능

상추는 수분이 90%, 탄수화물은 대부분이 포도당이며 단백질을 구성하고 있는 아미노산은 로이신(leucine)과 발린(valine)으로 다른 채소에 비해 많고, 아데닐산(adenylic acid)이 1% 정도 함유되어 있어 감칠맛을 낸다. 또 상추에는 사과산과 구연산이 들어 있어 식욕을 돋우어준다.

상추는 생것으로 먹기 때문에 영양 손실이 적지만 곁들여 먹는 참기름, 마늘, 파, 된장이 더욱 풍부한 영양 섭취를 돕는다.

상추의 줄기를 절단하면 하얀 액이 나오는데 이 성분은 쓴맛을 내는 락투신(lactucin), 락투코피신(lectucopicin)으로 신경을 안정시켜 수면을 유도하며 진통과 최면효과가 있다. 이 성분으로 고대 이집트에서는 부작용이 없는 마취제로 사용하기도 했다. 또 상추의 퀘르세틴(quercetin)류는 심장, 위 등의 내장을 보호해 주는 역할을 한다.

우리만의 독특한 음식문화를 든다면 쌈문화를 들 수 있는데 『농가월령가』는 상추쌈 먹는 광경을 노래하였고 고종과 순종 때 궁에서 먹던 상추쌈차림에서도 우리의 쌈문화를 엿볼 수 있다.

3. 음식궁합

YES	**육류 :** 상추는 알칼리성 음식이므로 산성식품인 육류와 함께 샐러드나 쌈으로 먹으면 좋다. **오이 :** 함께 먹으면 소변이 시원해져 더위로 농축되기 쉬운 체액의 대사에 도움을 준다. **쑥갓 :** 둘을 배합하면 불면증에 도움을 준다. 둘 다 최면효과가 있기 때문이다. 음성체질인 사람은 상추가 찬 성질이기 때문에 잘 맞지 않지만 따뜻한 성질의 쑥갓과 함께 먹으면 중화되어 괜찮다. **생강 :** 상추를 먹다가 체했다거나 중독됐을 때 생강을 먹으면 독이 풀린다. **돼지족 :** 둘을 함께 먹으면 모유분비에 좋다. 상추가 모유의 분비를 촉진시키고 돼지족도 모유를 촉진시키기 때문에 모유분비가 많아진다. **쇠비름 :** 상추는 피부를 좋게 하고 여드름치료에 효과가 있으며, 쇠비름도 유기산이 풍부하여 피부를 좋게 하므로 함께 먹으면 여드름 피부에 좋다.
NO	**꿀 :** 함께 먹으면 설사, 복통, 중독현상을 일으킨다.

4. 재료이야기

1) 종류

- 잎상추: 결구하지 않으며 가장자리가 오글오글하고 적색계와 녹색계가 있다.
- 결구상추 : 통상추라고 한다. 잎상추에 비해 생육기간이 길고 저온에서도 힘이 약하여 잎상추보다 제한을 받는다.
- 셀러리상추 : 잎은 스푼 모양이고 가운데가 크며 백녹색이다. 연하고 품질이 좋아 생식에 적당하다.

• 줄기상추 : 두꺼운 줄기를 식용하는데 잎은 길고 담록색 또는 갈색을 나타낸다. 잎을 길러서 이용하고 줄기도 데쳐서 먹거나 절여서 먹는다.

2) 재료 구입법

잎이 연하고 부드러우며 약간의 붉은색이 나고 주름이 많이 잡힌 상추가 좋다. 줄기를 잘랐을 때 우윳빛의 즙이 있는 것이 좋다.

3) 재료 보관법

상추는 보관이 어려운 채소이다. 바로 소비하는 것이 좋으며 씻지 않은 상태에서 비닐이나 젖은 종이에 싸서 뿌리가 아래로 가도록 보관한다.

5. 맛있는 조리방법

• 상추불뚝김치 : 상추불뚝(상추줄기)을 칼등으로 자근자근 두드려 쓴맛을 빼고 청 · 홍고추는 채 썬다. 찹쌀풀에 양념장을 만들어 상추불뚝을 넣고 버무린다.

• 상추나물 : 상추는 살짝 데쳐 물기를 짜고 양념에 버무린다.

• 상추된장무침 : 두부는 데쳐서 으깨어 된장 양념장과 버무린다. 깨끗이 손질한 상추에 켜켜이 발라 쌓은 후 먹기 좋은 크기로 자른다.

• 상추전 : 상추는 깨끗이 손질하고, 양파와 당근은 채 썰고 청양고추도 어슷썰어 반죽물과 잘 섞어 팬에 부친다.

• 상추샐러드 : 상추와 방울토마토는 씻어 물기를 거두고 견과류는 다진다. 드레싱을 준비하여 볼에 상추와 방울토마토를 담고 드레싱을 넣어 버무

상추불뚝김치

린다. 그릇에 담아 견과를 올린다.

- 상추도토리묵무침 : 상추는 씻어 물기를 뺀 뒤 굵게 썰고, 오이는 가늘게 채 썬다. 도토리묵도 채 썰어 둔다. 간장, 고춧가루, 참기름, 깨를 넣고 양념장을 만들어 도토리묵과 상추, 오이채를 섞은 것에 끼얹는다.

이것이 궁금해요? Q&A

Q 상추를 먹으면 졸리다는데 어느 부분을 제거해야 되는 건가요?

A 상추에는 '락투카리움(lactucarium)'이라는 성분이 들어 있기 때문에 과다 섭취했을 경우 졸음이 올 수 있습니다. 하지만 이 성분은 상추의 끝부분을 잘라내서 섭취 또는 조리한다면 그 증상을 줄일 수 있어요. 또한 상추의 끝부분에는 비료나 농약 등이 축적되어 있을 수 있으니 잘라내는 것이 좋아요.

재미있는 음식이야기

• 옛날에 장독대 주변에 상추를 심었던 이유는?

일반적으로 '상추밭에서 뱀에 물렸다'는 말은 거짓이라는 말이 있다. 희한하게 상추밭에서는 뱀을 볼 수 없는데 여기에는 이유가 있다.

『증보산림경제』를 보면 "상추밭에는 벌레가 가까이하지 못하며 뱀이 상추에 접촉하면 눈이 멀게 된다"라고 기록되어 있다. 이는 뱀과 상추는 상극임을 말한다. 『본초강목』에서도 "상추에는 독성이 있어 벌레가 감히 접근하지 못하며 만약 사람이 중독되면 생강즙으로 해독할 수 있다"라고 기록되어 있다.

옛날 조상의 지혜로 지금은 구경하기 어렵지만 오래된 시골집에 가보면 장독대 근처에 상추가 심어져 있는 것을 볼 수 있다. 장독대는 간장, 된장, 고추장, 소금 등이 보관된 항아리를 두는 곳이다. 우리의 어머니들은 아침, 저녁으로 간장, 된장을 덜어내 음식을 하였다. 그러다 보면 간장과 된장을 흘리게 마련이다. 이렇게 오랜 세월이 흐르다 보면 장독대 근처의 흙은 다른 곳에 비하여 상대적으로 염분이 많아지게 된다. 뱀은 허물을 벗는데 뱀이 허물을 벗기 위해서는 소금 즉 염분을 많이 섭취해야 한다. 따라서 뱀은 소금기가 많은 장독대 근처에 잘 나타나게 되는 것이다. 옛날 소금이나 쌀을 보관하던 광에 뱀이 잘 나타나는 것도 이 같은 이유 때문이다. 자주 가는 장독대에서 뱀을 본다는 것이 유쾌한 일이 아니기 때문에 뱀이 못 오게 하는 방법으로 장독대 주변에 상추를 심었던 것이다. 우리 선조들의 합리성과 과학성을 미루어 짐작할 수 있는 슬기이다.

3대 장수식품
양배추(Cabbage)

1. 역사이야기

양배추는 십자화과에 속하는 채소로 원산지는 유럽의 지중해 연안이다. 양배추의 기원은 그리스 시대로 약용으로 사용된 기록이 있으며 로마시대에는 저장식품으로 먹었다는 기록이 전해진다. 서양에서 올리브, 요구르트와 함께 3대 장수식품으로 선정될 만큼 건강식품으로 여겨진다. 고대 로마에서는 '몇 세기 동안 로마인이 의사 없이 지낼 수 있었던 것은 양배추 덕분'이라는 이야기가 전해지며, 유럽에서는 양배추가 '가난한 이들의 의사'라 불렸다고 한다.

우리나라에는 1880년대에 시험으로 재배되고 있었지만 당시 사전인『농정신편』이나『농정촬요』에 양배추가 보이지 않기 때문에 실제로 보급되었는지는 알 수 없다. 현재는 일 년 내내 대량으로 재배되며 평창에서는 봄 양배추, 부산에서는 여름 양배추, 제주에서는 겨울 양배추가 출하되고 있다.

양배추에는 황화합물(isothicynate)이 함유되어 있어 암 예방에 도움을 주며 일반적으로 채소에는 결석의 원인이 되는 옥살산(oxalic acid, 수산)이 함유되어 있으나 양배추에는 함유되어 있지 않아 칼슘 급원으로 좋은 식품이다.

2. 영양과 효능

양배추는 수분이 92.4%, 당질이 4.7%이고, 비타민 A와 C, 혈액을 응고시키는 비타민 K가 풍부하며, 비타민 U가 들어 있어 손상된 조직을 회복시키는 작용을 하므로 만성위염, 위궤양 등을 예방하고 치료하며 섬유질이 많아 변비에 좋다. 양배추는 생식하기 알맞은 식품으로 다른 채소나 과일과도 섞어 먹으면 비타민을 더 보충할 수 있다.

또 양배추에는 황화합물(isothicynate)이 함유되어 있어 암 예방에 도움을 주며 일반적으로 채소에는 결석의 원인이 되는 옥살산(oxalic acid, 수산)이 함유되어 있으나 양배추에는 함유되어 있지 않아 칼슘 급원으로 좋은 식품이다. 그러나 갑상선호르몬에 이상이 있는 사람은 과량 섭취 시 고이트린(goitrin), 페네틸라이소 티오사이네이트(phenethyliso thiocynate)성분들에 의해 갑상선 비대증을 악화시킬 수 있으며, 갑상선 기능저하증 치료제를 먹는 사람은 양배추를 피한다. 갑상선 기능저하증 치료제 성분 중에는 요오드가 있는데, 양배추와 함께 먹으면 요오드가 몸 안에 잘 흡수되지 않기 때문이다. 한방에서는 양배추가 관절과 골수를 보호하며 입과 눈을 밝게 한다고 알려져 있다.

3. 음식궁합

YES

사과 : 위장에 좋은 음식으로 꼽는 양배추는 식이섬유와 칼륨(potassium)이 많이 들어 있어 변비를 예방할 수 있고, 사과의 펙틴(pectin)과 칼륨이 함께 만나면 장에 유익한 세균번식에 도움을 줄 수 있으므로 효과적인 음식궁합이다. 이렇게 사과와 양배추를 함께 먹으면, 장이 약한 사람이나 장에 노폐물이 많은 사람에게 유익하고, 노폐물이 제거되면서 피부톤이 밝아지는 효과를 얻을 수 있다.

방울양배추와 올리브 오일 : 방울양배추는 비타민 K 함량이 매우 높은데 이 비타민 K는 올리브 오일 속 불포화지방과 결합하여 심장을 튼튼하게 하고 혈액순환을 원활히 하는 데 도움을 준다. 또한 뼈의 건강에도 좋은 역할을 한다.

YES

자몽 : 비타민 C가 풍부한 자몽을 더하면 항산화효과가 배가된다.

오징어 : 양배추의 저칼로리 섬유질과 오징어의 타우린(taurine)이 풍부한 고단백 저칼로리가 배합되어 다이어트에 효과적이다.

4. 재료이야기

1) 종류

- 적양배추 : 표피가 자색으로 안토시안계 색소이다. 일반 양배추에 비해 굵기가 크지 않으며, 재배면적이 적어 수요가 많지 않다.
- 방울양배추 : 영국을 포함한 북유럽과 미국에서 많이 재배하고 한국에도 보급되었으나 소규모로 재배되고 있다. 보통의 양배추와 달리 줄기가 길게 자라고 여기에 잎이 드물게 붙는다. 단백질과 비타민 A, 비타민 C 등이 다량 함유되어 있고 저장성이 좋아 신선한 채소가 부족한 겨울철에 환영받는 채소이다.
- 양배추 : 잎은 두껍고 털이 없으며 분처럼 흰빛이 돌고 가장자리에 불규칙한 톱니가 있으며 주름이 있어 서로 겹쳐지고 가장 안쪽에 있는 잎은 공처럼 둥글며 단단하다.

2) 재료 구입법

양배추는 잎이 벌어지거나 색이 변하지 않은 것이 상품이다. 들어보아 단단하고 무거우며 겉잎이 깨끗하고 윤기가 나며 녹색부분이 많은 것이 좋다. 잘라보았을 때 속에 심이 없어야 하며 잎이 촘촘히 감겨 있는 것을 고른다.

3) 재료 보관법

양배추를 보관할 때에는 겉잎이 지저분하더라도 떼어내지 말고 그대로 신문지나 랩에 싸서 냉장실에 보관하는 것이 좋다. 양배추에는 유기질 유황이 들어 있어 특유의 냄새가 나는데 익히면 냄새가 더 심하다. 이때 식초를 넣으면 냄새가 없어진다.

5. 맛있는 조리방법

- 양배추물김치 : 양배추를 4등분하여 1시간 정도 절인다. 무는 채 썰어 양념으로 버무린 후 절여진 양배추 사이에 넣은 후 통에 담아둔다. 고춧가루로 김칫국을 만들어 간을 맞춘 후 양배추 담은 통에 자작하게 붓는다.
- 양배추피클 : 양배추와 붉은 양배추는 깨끗이 씻어 먹기 좋은 크기로 자른 다음 단촛물을 준비하여 절여진 양배추에 2/3를 붓고 밀폐용기에 담아 하루 정도 익혔다가 먹는다.
- 양배추쌈밥 : 현미밥에 갖은 채소를 얇게 채 썰어 넣고 들기름을 넣어 섞은 후 삶아진 양배추에 밥을 얹어 감싼다.
- 돼지고기양배추말이 : 양배추는 찜통에 부드럽게 찌고, 볼에 다진 돼지고기, 다진 당근, 셀러리, 소금, 후춧가루, 다진 마늘을 넣고 잘 치댄 후 양배추잎에 전분을 뿌리고 돼지고기소를 넣고 말아 찜통에 찐다. 분량의 소스를 양배추말이 위에 고루 뿌려 완성한다.
- 양배추부침개 : 양배추, 양파, 당근, 깻잎을 채 썰어 반죽에 섞은 다음 달구어진 팬에 기름을 두르고 노릇하게 지진 뒤 초간장을 곁들여 낸다.
- 양배추된장국 : 멸치육수에 된장을 풀어 넣은 뒤 양배추를 넣고 숨이 죽이 죽으면 두부, 대파, 다진 마늘, 고춧가루를 넣어 끓인다.

양배추피클

이것이 궁금해요?

Q 다이어트에 양배추 해독주스가 좋다고 하던데 어떻게 만드나요?

A 각종 비타민과 미네랄 등이 풍부한 과일과 채소를 갈아서 만든 해독주스를 섭취하면 체내에 쌓인 독소가 배출되고 체중이 감량된다고 알려져 있습니다. 탄수화물과 지방, 알코올, 카페인 등으로 지쳐 있던 몸에 디톡스(detox)효과를 주는 것인데요. 해독주스는 브로콜리, 양배추, 당근 등의 채소를 뜨거운 물에 살짝 데친 뒤 바나나, 토마토, 사과 등의 과일을 섞어 함께 갈아주면 됩니다. 만약 식사할 때마다 먹기가 부담스럽다면 아침이나 저녁, 한 끼 정도를 섭취하면 좋습니다.

재미있는 음식이야기

• 야구모자 속 숨겨진 카드

양배추 하면 야구가 떠오르는데 옛 메이저리그 선수였던 베이브 그루스가 모자 속에 양배추를 썼던 일화가 있기 때문이다.

양배추가 열을 흡수하는 효능이 있기 때문이었는데 그 후 국내에서도 모자 속에 양배추를 넣어 쓰는 선수들이 생기기 시작했지만 요즘에는 양배추 넣는 행동은 불법이라고 한다. 이같이 양배추가 열감을 없애주는 역할을 하기 때문에 젖몸살을 앓는 산모들에게도 요긴하게 쓰인다고 한다.

성장 미네랄(아연)이 풍부한 키조개(패주) (Pen Shell)

1. 역사이야기

키조개는 진주조개목 키조개과에 속하는 대형 어패류로 우리나라, 인도, 태평양, 남동 중국해, 일본 등 수심 5m 이상의 깊은 갯벌 바닥에서 서식하며, 생김새는 껍데기의 폭이 좁고 아래로 점점 넓어진 삼각형모양이 곡식을 까부르는 '키'를 닮았다 하여 '키조개'라 불리게 되었다고 한다. 그리고 지역마다 부르는 이름이 다른데 남해 지역의 부산에서는 '채이조개', 마산 · 진해 부근에서는 '챙이조개', 섬 지방에서는 '게이지' 또는 '개두', 서해 지역인 군산 · 부안에서는 '게지', 보령 · 서천 · 홍성에서는 '치조개'라고 부르는 등 다양한 이름으로 사랑받아 왔다.

폐각근은 연체동물 부족류의 조개껍데기를 여닫기 위한 한 쌍의 근육으로 일명 패주(貝柱), 조개관자, 육주(肉柱) 또는 폐개근, 가이바시(貝柱) 등의 다양한 이름으로 불린다.
조개 중에서도 키조개는 크기가 크기 때문에 '조개의 왕'이라고도 불리는데 완전히 성장한 조개껍데기 크기는 약 20~30cm 이상이 되며 키조개의 크기가 큰 것은 패주가 주먹크기만 하다고 한다.

아연(zinc)은 갑상선 호르몬과 인슐린, 성호르몬 등 각종 호르몬들의 작용을 도와주는 필수미량원소로 미각기능과 성장발육, 전립선 장애, 피부미용에 좋다.

키조개에 관한 기록으로는 정약전의『자산어보』에 '키홍합'으로 지름이 대여섯 치 정도이고 모양이 키(箕)와 같아서 평평하고 넓으며 두껍지 않고 실과 같은 세로무늬가 있으며 빛깔이 붉고 털이 있다고 하였으며, 맛이 달고 산뜻하다고 기록하고 있다.

키조개는 다른 조개에 비하여 부드럽고 쫄깃하며 어패류 특유의 비린 맛이 없고 달짝지근하고 시원한 맛이 나는 것이 특징으로 산란기인 7~8월에는 포획이 금지되어 있으며 산란기를 앞둔 봄철이 제철로 크기도 크고 맛도 뛰어나다. 키조개의 속살은 일명 눈, 입술, 꼭지로 나눌 수 있는데 눈은 껍질을 여닫는 근육부분인 관자(패주)로 그 맛이 부드럽고 쫄깃하며, 입술은 관자 주변으로 얇게 펼쳐진 살인데 씹히는 맛이 좋고, 꼭지는 껍질 밑부분에 붙어 있는 살로 닭 모래주머니처럼 씹히는 맛이 있는 것이 특징이다.

2. 영양과 효능

패주는 저지방 고단백식품으로 무기질이 풍부한데 무기질 중에서 칼슘, 인, 철 등이 다량 함유되어 뼈의 건강과 빈혈 등에 좋으며, 특히 키조개의 패주에는 성장미네랄로 알려진 아연이 100g당 12.8mg이나 함유되어 있어 생굴과 함께 아연의 보고이다. 아연(zinc)은 갑상선 호르몬과 인슐린, 성호르몬 등 각종 호르몬들의 작용을 도와주는 필수미량원소로 미각기능과 성장발육, 전립선 장애, 피부미용에 좋다.

키조개에는 불포화지방산이 풍부하여 혈액 속 콜레스테롤 수치를 낮춰주고 피를 맑게 하는데 EPA(eicosapentaenoic acid), DHA(docosa hexaenoic acid)와 같은 고도불포화지방산이 어린이의 두뇌 발달에 도움을 준다.

또한 단백질, 타우린(taurine)과 비타민 B_2가 풍부하여 심혈관을 보호하고 정혈작용, 해독작용, 지방분해효과가 있으며, 간의 기능을 도와 피로회복과 세포재생을 돕는다.

키조개에는 필수아미노산과 철분도 풍부하여 빈혈과 동맥경화 예방에도 효과가 있어 예부터 산모의 산후 조리 시 정혈작용을 위해 키조개 미역을 끓여 먹기도 하였으며, 소화가 잘되고 간장에 부담이 없어 영양식 또는 해장국으로도 즐겨 먹었다.

이렇게 영양이 풍부한 키조개는 해양수산부에서 참조기와 함께 최고의 간장 보호식품으로 선정된 바 있으며, 국립수산과학원의 연구에 따르면 아연과 구리, 철, 셀레늄(selenium) 등 유용 미네랄 함량을 조사한 결과 굴과 키조개가 인체에 유익한 미네랄을 다른 어패류보다 5~20배 많이 함유하고 있는 것으로 조사되었다.

이러한 키조개는 이노신산(inosinic acid)과 글루탐산(glutamic acid) 등이 다른 조개류에 비하여 다량 함유되어 있어 감칠맛이 좋은데 산란기를 앞둔 봄철에 영양과 맛이 가장 풍부하며, 가열하면 파괴되고 감칠맛을 잃게 될 수 있으므로 날것으로 먹는 것이 가장 좋다고 한다.

그러나 조개류는 찬 성질을 가지고 있어 맥이 약하거나 아랫배가 찬 사람은 많이 먹지 않는 것이 좋으며, 부족한 영양소인 비타민 C를 보충하기 위해 다른 재료와 요리하는 것도 좋다.

3. 음식궁합

YES

피망 : 키조개에 부족한 비타민 A와 C를 보충해 주어 단백질과 비타민을 동시에 섭취할 수 있다.

옥수수 : 옥수수에는 신경을 안정시켜 주는 작용이 있는데 이런 옥수수를 패주와 함께 조리하면 심신안정뿐 아니라 눈의 피로를 풀어준다.

레몬 : 키조개에 부족한 비타민 C를 레몬이 보충해 준다.

4. 재료이야기

1) 종류

일반적으로 큰 가리비 · 키조개 · 국자가리비 등이 식용되고 있으며 시중에 유통되는 것은 대부분 양식가리비이다. 가리비는 종류가 다양하나 우리나라에서는 큰가리비(참가리비), 비단가리비, 국자가리비가 가장 많이 발견 및 식용되고 있다.

- 큰가리비 : 형태가 원형에 가까운 부채꼴의 대형조개 한류계종으로 동해안에서 주로 발견되며 가리비양식에 주로 이용되고 있다.
- 비단가리비, 국자가리비 : 난류계종으로 남해안에 분포하며, 국자가리비는 왼쪽 조가비보다 오른쪽 조가비가 크게 튀어나온 특징이 있다.

2) 재료 구입법

키조개는 입이 아물고 단단하며 키가 매끄러운 것을 골라야 하며, 껍질이 완전한 것을 구입해 오염을 방지하는 것이 좋다. 관자는 반투명하고 반짝거리며 도톰하고 탄력 있는 것이 좋으며 회색빛을 띠지 않아야 싱싱하며, 맑은 바닷물 냄새가 나야 한다.

패주는 수산물 가공냉동식품으로 구입하거나 재래시장이나 수산시장에 가면 구입할 수 있는데 관자를 살 때 물과 함께 포장된 것은 포장 시 인공적으로 만든 화학나트륨이 들어 있을 수 있으니 주의한다. 패주는 주위의 너덜거리는 것과 얇은 막을 떼어내고 소금으로 주물러 씻어 얇게 저민 뒤 윗면에 가로 세로로 잔 칼집을 넣어주면 부드럽게 먹을 수 있다.

3) 재료 보관법

냉장보관 시 이틀 정도까지는 신선도를 유지할 수 있으며 냉동 시 -20~0℃에서 보관한다. 쓰고 남은 관자는 공기가 닿지 않게 밀봉하여 냉동보관하면 마르지 않는다.

키조개는 껍질이 얇고 날카로우므로 조심해야 하며, 껍질이 약한 부분에 칼을 밀어넣어 패주를 잘라 떼어낸다. 껍질을 분리한 다음에는 날개와 패주를 떼어내고 내장과 모래집은 버린다.

5. 맛있는 조리방법

- 샤부샤부, 꼬치, 구이, 무침, 회, 초밥, 전, 죽, 탕 등 다양한 방식으로 조리되며, 쌀뜨물을 이용해 데치면 비린 맛을 없앨 수 있다.

• 패주미역국 : 불린 미역과 관자를 적당한 크기로 잘라 물기를 제거한 후 참기름 두른 냄비에 볶다가 멸치육수를 붓고 한소끔 끓인 후 소금과 청장으로 간을 한다.

• 패주구이 : 패주는 옆의 막을 제거하고 납작하게 썬 다음 꼬챙이에 대파, 패주, 은행을 번갈아 끼운 뒤 양념장을 발라 그릴에 살짝 구워낸다.

• 패주전 : 패주는 소금물에 씻은 후 옆의 얇은 막을 벗긴 다음 결의 반대방향으로 얇게 포를 떠서 잔칼집을 넣어 생강즙과 소금, 청주에 담가 냄새를 제거한 후 밀가루와 달걀옷을 입혀서 팬에 지진다.

• 매운패주채소볶음 : 패주는 옆면의 막을 벗겨내고 적당한 크기로 슬라이스하고 양파, 청 · 홍고추 등 채소를 준비한다. 팬에 기름을 두르고 다진 마늘, 다진 파, 고춧가루를 볶다가 굴소스를 넣고 패주와 채소를 넣어 살짝 볶다가 물녹말을 조금 넣어 농도를 낸 후 참기름과 깨소금을 넣는다.

• 버터패주볶음 : 패주 5~6개와 팽이버섯, 파프리카, 양파, 통마늘을 준비한다. 패주는 결 반대로 썰고 나머지 재료도 먹기 좋은 크기로 썬다. 팬을 달구어 버터를 녹이고 파프리카, 양파, 통마늘을 볶다가 패주를 넣고 소금과 후춧가루로 간을 한 후 와인 또는 청주를 넣어 비린 맛을 제거한다.

• 패주치즈구이 : 키조개의 관자, 날개를 손질하여 알맞게 썬 다음 고추장, 고춧가루, 청주로 양념장을 만들어 손질한 패주를 넣고 버무린다. 키조개 껍질에 모차렐라치즈를 뿌리고 양념에 버무린 패주를 담고 그 위에 모차렐라치즈를 다시 넉넉히 올려 파슬리가루를 뿌려 190℃로 예열된 오븐에 20분 정도 굽는다.

• 패주죽 : 멥쌀은 깨끗이 씻어 불리고 패주는 손질한다. 모시조개는 연한 소금물로 해감시켜 육수를 만든다. 두꺼운 냄비에 불린 쌀, 패주, 참기름, 생강즙을 넣고 볶다가 모시조개육수와 물, 파를 넣고 은근한 불로 끓여낸다.

• 패주찜 : 패주는 손질하여 앞면에 칼집을 넣어 생강술을 뿌려 찜솥에 김이 오르면 넣고 살짝 쪄낸다. 냄비에 조림장과 물을 같은 분량으로 넣고 끓으면 패주를 넣고 조려낸 후 식혀서 꼬치에 꿰어낸다.

패주전

이것이 궁금해요? Q&A

Q 관자를 구웠는데 너무 질겨서 못 먹었어요. 부드럽게 요리하는 방법을 알려주세요.

A 관자 옆의 막을 벗겨내야 질기지 않고 요리 시 모양이 반듯하며, 결 반대방향으로 칼집을 넣어주어야 질겨지지 않고 부드럽게 먹을 수 있어요. 패주의 둥근 모양이 나오게 썰어야 하며, 또 너무 오래 익혀도 질겨 완자가 익을 정도만 단시간 내에 요리하면 됩니다.

재미있는 음식이야기

• 키조개 양식

다른 패류들은 이동생활을 하는데 키조개는 한자리에서 이동하지 않는 해산물로 진흙 속에 꽁꽁 숨어 있어서 패주(관자)가 다른 패류와 달리 질기지 않고 부드럽다.

키조개는 내륙과 가까운 앞바다의 진흙에 박혀 사는데 조개껍데기의 뾰족한 부분이 진흙에 박히고 그 반대편의 둥그런 부분이 진흙 밖으로 나와 있으며, 부화한 알이 15~20일간 떠돌다 바닥에 붙은 뒤 진흙에 몸을 넣으면 그 자리에서 3~4년을 살다가 죽는다고 한다.

껍데기의 빛깔은 마른 상태에서는 회갈색이며 물에 닿으면 오색이 영롱하게 반짝이고 질게 변한다. 안쪽은 흑진주 광택이 나므로 진주 양식용으로 이용되기도 한다.

키조개는 수심 5~50m의 진흙 속에 박혀 있기 때문에 눈에 잘 띄지 않고 맨몸으로 잠수해 해산물을 잡는 나잠어업(해녀들이 특별한 산소 호흡장치 없이 수심 10~20m 이내의 바다밭에 잠수하여 해산물을 채취하는 어업)으로는 키조개를 잡기 어려워 일제강점기 때 잠수부에게 동력으로 산소를 공급해 주는 장치가 있는 잠수기어업이 들어오면서 키조개잡이가 본격화되었다.

식품재료의 모든 것 6월

우렁쉥이의 또 다른 이름 멍게

거담, 진해, 천식 특효 살구

꼬투리째 먹는 완두

간을 해독시켜 주는 여름과일 참외

우렁쉥이의 또 다른 이름 멍게(Sea Squirt)

1. 역사이야기

멍게는 원색동물로 멍게과에 속하며 플랑크톤을 먹이로 하면서 수온 5~24℃, 수심 6~20m인 해역의 바위 등에 붙어서 서식하는데 우리나라에서는 전 연해 암초에 서식하며 동해안과 남해안이 주 서식지로 남해안의 통영이나 거제, 부산 등에서 주로 생산되고 있다.

우렁쉥이라고도 하며 몸은 등적색의 광택이 있는 단단한 껍질로 원추형의 돌기가 많이 나와 있어 바다의 파인애플이라고도 불린다. 우리나라 해안지방에서는 오래전부터 먹어왔으나 전국적으로 식용된 것은 6 · 25 이후이다.

2. 영양과 효능

멍게의 단백질 함량은 다른 생선에 비해 적지만 필수아미노산이 골고루 함유되어 있다. 당질의 함유량은 다른 생선에 비해 많은데 당질의 대부분이 글리코

멍게의 상큼한 향과 달콤한 맛은 타우린(taurine)에 의한 것으로 타우린은 활성산소를 줄여 노화를 방지하며 콜레스테롤의 수치를 낮추고 식욕증진과 체력보강에 효과가 있다.

겐으로 강장효과가 있으며, 멍게의 글리코겐(glycogen) 함유량은 여름이 겨울보다 8배가 증가되며 굴과 비슷하여 맛이 좋다.

멍게는 껍질만 빼고 모두 먹을 수 있으며 지질이 거의 없어 저칼로리 해산물로 다이어트에 도움이 된다. 멍게의 상큼한 향과 달콤한 맛은 타우린(taurine)에 의한 것으로 타우린은 활성산소를 줄여 노화를 방지하며 콜레스테롤의 수치를 낮추고 식욕증진과 체력보강에 효과가 있다.

멍게의 특유한 맛은 불포화 알코올인 신티올(cynthiol)에 의해 알코올이 생성되면서 생기는 향미이며 숙취해소에 좋다. 멍게에는 비타민 B와 C 외에 칼륨과 칼슘이 풍부하며, 요오드성분이 많아 갑상선 부종을 막아주고 머리카락을 부드럽게 해준다.

3. 음식궁합

YES

초고추장 : 아미노산과 타우린 등이 풍부한 멍게는 초고추장에 찍어 먹어야 멍게 특유의 향을 되살릴 수 있고 소화성을 향상시킨다.

4. 재료이야기

1) 종류

- 흰덩이멍게 : 어초 표면에서 마치 흰 얼룩처럼 덩이지어 출현하는 경우가 흔한 군체이다. 입수공은 작은 점의 형태로 군체표면 전체에 퍼져 있고 곳곳에 다소 큰 구멍으로 산재해 있다. 크기는 7~8cm 정도이다.
- 방사딸기만두멍게 : 주로 어초의 아랫면에 매달린 형태로 발견되는 군체 멍게류이다. 끝부분에 딸기모양의 몸통이 형성되었고, 크기는 다양하지만 보통 5~8cm 정도이다.

2) 재료 구입법

깊은 바다에서 3년 정도 자란 것이 맛과 향이 가장 좋다. 손으로 잡아 되살아나는 것이 신선하며, 싱싱할수록 껍질의 붉은색이 강하다.

3) 재료 보관법

멍게를 물에 오래 담그거나 씻으면 맛과 향이 빠져나간다. 먹을 만큼만 구입하며 빨리 먹는 것이 좋으며, 보관 시에는 냉장고에서 2일 정도 보관이 가능하다. 멍게의 뿌리부분을 자르고, 몸통 사이로 멍게 살을 빼내어 몸통과 분리시킨다. 멍게 살은 씻지 않고 내장을 뺀 뒤 사용한다.

5. 맛있는 조리방법

- 멍게젓갈 : 내장을 제거한 멍게 살을 잘게 썰어 소금에 절인 다음 어슷하게 썬 붉은 고추, 고춧가루, 다진 파, 마늘, 물엿, 통깨로 무친다.
- 멍게비빔밥 : 멍게는 살을 발라낸 다음 먹기 좋은 크기로 잘라 천일염으로 간을 하여 냉장실에 하루 동안 숙성시킨다. 상추와 깻잎, 달래를 적당히 썰어 채소를 준비하고 그릇에 밥, 채소와 초고추장을 넣고 김을 부수어 올리고 참기름과 깨소금을 곁들여 낸다.
- 멍게미역국 : 멸치육수에 불린 미역을 넣고 끓이다가 마늘, 멍게를 넣고 살짝 끓인다. 액젓과 후추로 간을 한다.
- 멍게전 : 멍게와 채소를 손질하여 잘게 썬다. 달걀을 풀고 소금과 후추로 간을 한 뒤 잘 섞어 팬에 기름을 두르고 지진다.
- 멍게구이 : 멍게를 석쇠에 구워 간장양념장 또는 겨자장에 찍어 먹는다.

멍게비빔밥

이것이 궁금해요?

Q&A

Q 멍게를 먹으면 다이어트에 도움이 되나요?

A 멍게는 해삼, 해파리와 같이 3대 저칼로리 수산물로 뽑힐 정도로 칼로리가 낮고 지방이 거의 없으며 멍게 껍질에는 신소재 기능성 식품인 고농축 천연 식이섬유가 들어 있어 콜레스테롤과 혈당을 감소시키고 변비를 예방하며 비만 방지에 탁월하다고 알려져 있어요.

재미있는 음식이야기

• '바다의 꽃'으로 불리는 멍게의 화려한 변신

돌연변이로 생기는 하얀 멍게를 어민들은 행운을 가져다주는 존재로 여긴다. 이런 속설을 바탕으로 10년여의 연구 끝에 색소 뺀 장식용 멍게를 관광상품으로 개발하여 진공상태의 유리병에 담아 판매하고 있다. 또 멍게 껍질 추출물은 의약품의 원료로도 쓰이고 있어 버려지던 멍게 껍질이 고부가가치 소득원이 되고 있다.

거담, 진해, 천식 특효
살구(Apricot)

1. 역사이야기

살구는 장미과에 속하는 교목으로 중국 동부가 원산지이며 우리나라에서는 삼국시대 이전부터 재배되어 식용과 약용으로 많이 쓰이고 있다. 현재는 미국의 캘리포니아 지역이 최대의 생산지이며 말린 살구로 유명하다. 서양 살구는 동양산보다 크고 맛이 좋아 건과나 잼, 시럽으로 이용된다.

봄이 오면 동네 길가에 살구나무에 연분홍 꽃을 피우는데 옛날엔 이때가 농사일을 시작하는 계절의 시간표로 여겨져 왔으며 그해 살구가 많이 달려서 잘 익으면 그 이듬해 농사가 잘된다고 믿어 왔다. 한방에서는 종자를 행인(杏仁)이라 하며 약재로 쓴다.

살구의 색과 말린 열매에는 많은 양의 베타카로틴(β-carotene)과 약간의 라이코펜(lycopene)이 함유되어 있어 야맹증을 예방하고 혈관을 튼튼히 하는 데 효과적이다.

2. 영양과 효능

살구는 90%가 과육이며 과육은 수분이 91.4%, 당질이 6.5%이고, 칼슘과 칼륨, 비타민 A가 풍부하며, 비타민 C가 적어 주스나 넥타(nectar)로 가공 시에는 비타민 C를 강화하고 있다. 펙틴(pectin) 및 신맛을 내는 사과산(malic acid)과 구연산(citric acid)이 많아 피로회복과 미용에 좋으며 펙틴성분은 잼 가공에 이용된다.

특히 살구의 색과 말린 열매에는 많은 양의 베타카로틴(β-carotene)과 약간의 라이코펜(lycopene)이 함유되어 있어 야맹증을 예방하고 혈관을 튼튼히 하는 데 효과적이다.

한방에서 살구 씨는 거담(祛痰), 진해(鎭咳), 천식(喘息)의 치료를 위한 약으로 쓰기도 한다. 그러나 살구 씨에는 독성이 있어 먹으면 위험한데 살구 씨의 독성은 아미그달린(amygdalin)성분으로 체내의 소화과정에서 시안화물(cyanide)이 방출되어 양이 적으면 대사과정에서 문제가 없지만 많이 먹으면 위험하기 때문에 어린이가 씨앗이 터져 나온 것을 먹지 않도록 한다.

3. 음식궁합

YES

오렌지 : 여러 영양소를 가진 살구이지만 비타민 C의 함량이 낮기 때문에 오렌지와 함께 먹으면 모자란 영양소를 보충할 수 있다.

감 : 숙취에 좋다.

육류 : 살구가 육류의 연육작용을 한다.

천문동 : 기침과 천식에 좋다.

4. 재료이야기

1) 종류

- 살구 : 생으로 먹거나 잼, 통조림, 건살구, 넥타 등으로 가공된다.
- 건살구 : 등산할 때 말린 살구를 입에 물고 있으면 각종 유기산이 피로감을 덜어주며 갈증을 해소시킨다. 말린 살구를 삶은 뒤 갈아서 육류요리에 넣으면 고기를 부드럽게 한다. 말린 살구에 뜨거운 물을 부어 행탕을 만들어 먹으면 자양강장에 탁월한 효과가 있다. 100세 이상 장수 노인들의 마을로 알려진 히말라야 훈자사람들이 즐겨 먹는 간식이 바로 말린 살구다.
- 살구씨 : 대장을 깨끗하게 하고 천식, 기관지, 폐에 좋다. 인, 단백질, 지방, 불포화지방산이 풍부하여 피부재생, 피부탄력유지 효과가 있다. 그러나 아미그달린의 독성 때문에 다량 섭취 시 정신이 흐리고 근육과 뼈에 마비증상이 올 수 있다. 개고기를 먹고 탈이 나면 살구씨를 복용하는데 이는 살구씨가 개의 독을 중화시켜 주기 때문이다.
- 살구꽃 : 식용 가능한 꽃이며 손발이 저릴 때 살구꽃 차를 마시면 좋다.

2) 재료 구입법

색이 고르고 진한 주황색을 띠며 표면에 고운 잔털이 보이고 껍질에 상처가 없는 것을 고른다. 잘 익은 것은 꼭지를 중심으로 가르면 쉽게 갈라지고 씨도 잘 빠진다. 살구는 수확 후 과실연화가 빨리 진행되므로 수확할 때에는 특히 상처가 없는 것을 골라야 한다. 품종 고유의 특성을 갖고 색이 골고루 퍼져 있으며, 육질은 단단하면서 씹었을 때 연하게 부서지고 과즙이 많은 것이 당도가 높은 편이다.

3) 재료 보관법

상온에 보관하면 물러지므로 냉장고에 보관한다. 조금 덜 익었을 때 따서 상온에서 완숙시킨 다음 먹는 것이 좋다. 오래 저장하고 싶은 경우에는 폴리에틸렌 봉지에 담아 냉장고에 저장한다. 살구는 0~2℃ 사이에서 보관하는 것이 좋으며, 최적 습도는 90~95%이다. 살구는 저장 시 다량의 에틸렌을 생성하므로 다른 과일과 따로 보관하는 것이 좋다.

5. 맛있는 조리방법

- 살구치즈샐러드 : 살구는 4등분하고 체더치즈는 한입 크기로 자른다. 샐러드용 채소와 채 썬 적양파를 그릇에 담고 체더치즈, 살구를 올리고 올리브유와 레몬즙, 소금, 후춧가루를 뿌린다.
- 살구잼 : 살구는 씻어서 껍질과 씨를 제거하고 냄비에 살구와 설탕을 넣고 끓이다가 잼의 농도가 될 때까지 약불로 줄여 끓인다. 찬물에 살구잼을 떨어뜨려 보아 퍼지지 않으면 완성된 것이다. 소독한 병에 살구잼을 넣는다.
- 살구마들렌 : 재료(박력분, 달걀, 황설탕, 꿀, 레몬즙, 아몬드파우더, 베이킹파우더, 버터, 건살구) 중 가루는 체를 치고, 오븐은 180℃로 예열하여 버터를 녹인다. 상온에 둔 달걀을 풀어 체 친 밀가루, 나머지 재료와 녹인 버터를 넣고 다진 건살구를 넣고 잘 섞어 냉장고에 휴지시킨 다음 마들렌 팬에 버터를 발라 밀가루를 뿌려 털어내고 80% 패닝하여 오븐에 10분 정도 구워낸다.
- 살구술 : 익지 않은 단단한 살구를 준비하여 깨끗이 씻어 물기를 거두고 밀폐용기에 살구를 담고 살구의 3배가량의 소주를 부어 뚜껑을 덮어 서늘한 곳에서 100일 정도 숙성시킨다.
- 살구떡수단 : 살구의 과육을 믹서기에 갈아 황설탕을 넣고 되직하게 조려 찹쌀가루, 치자물을 넣고 익반죽하여 살구경단을 빚는다. 끓는 물에 경단을 삶아 찬물에 헹군 후 오미자청에 물을 섞어 살구경단을 넣고 잣을 띄운다.

살구떡수단

이것이 궁금해요?

Q 살구와 개살구의 차이점과 살구와 매실을 구분하는 방법에 대해 알고 싶어요.

A 살구는 둥글며 작고 7월이 되면 황색 또는 붉은색으로 익으며 단맛이 나요. 반면 개살구는 약간 길쭉한 달걀 모양이고 떫고 신맛이 강하거나 쓴맛이 나요. 살구인데 못 먹는 살구가 바로 개살구입니다. 그리고 살구는 익으면 과육부분과 씨앗이 쉽게 분리되지만 매실은 쉽게 분리되지 않는 것이 차이예요.

재미있는 음식이야기

• 살구와 개고기는 상극이다? 아니다!

보신탕을 파는 곳에 가면 살구 씨 몇 알을 같이 내놓는 곳이 있다. 이유는 살구 씨와 보신탕의 궁합 때문이라고 한다.

살구 씨는 여름철 식중독이나 소화불량에 좋다고 하는데, 개고기와 궁합이 잘 맞는다고 한다. 많은 한의사분들이 보신탕을 먹은 후 살구 씨 몇 알을 권하고 있다. 개고기를 먹고 체했거나 개에 물렸을 경우 독성을 치료하는 데 살구를 씹어 붙이면 낫는다고도 한다. 때문에 살구 씨의 어원과 관련한 농담도 있다. 살구의 어원이 '살(殺 · 죽일 살), 구(狗 · 개 구)'라는 것인데, 살구 씨에 독성이 있어 개를 잡을 때 살구 씨를 썼다는 것이다. 살구 씨는 우리말이고, 한자로는 행인(杏仁)이다.

꼬투리째 먹는 완두(Pea)

1. 역사이야기

완두는 콩과에 속하는 한두해살이 식물로 고대 그리스, 로마시대에 이미 재배되기 시작했으며, 서늘한 기후를 좋아하고 추위에도 강하다. 3월에 파종하여 6월에 수확하므로 단기간 성장하는 식물로 잘 알려져 있다. 또한 사람들의 기호에 잘 맞아 현재까지 전 세계적으로 널리 재배되고 있으나 우리나라에서는 재배역사가 오래되지 않았다.

2. 영양과 효능

완두는 수분 24%, 탄수화물 24%, 단백질 10%로 구성되어 있으며, 비타민 A, B, C와 무기질이 풍부하다. 완두의 당질은 팥과 유사한 전분의 형태로 존재하며, 단백질 성분인 제니스틴(genistin)은 암세포의 증식을 억제하고 체내에 발암물질이 쌓이는 것을 막아준다. 또한 완

완두콩 속에는 비타민 B복합체의 하나인 콜린(choline)이 있는데, 콜린은 지방간 예방인자로 콜레스테롤 대사에 관여하여 간에 지질이 쌓여 생기는 간경변(肝硬便) 예방에 도움을 주며 높은 함량의 비타민 A가 시력을 보호한다.

두콩 속에는 비타민 B복합체의 하나인 콜린(choline)이 있는데, 콜린은 지방간 예방인자로 콜레스테롤 대사에 관여하여 간에 지질이 쌓여 생기는 간경변(肝硬便) 예방에 도움을 주며 높은 함량의 비타민 A가 시력을 보호한다. 또한 혈관을 튼튼히 하여 고혈압을 예방하며 변비해소 및 대장암의 예방에 좋으며, 완두콩을 쌀과 함께 밥을 지어 먹으면 쌀에 부족한 아미노산을 보충할 수 있다.

풋콩은 콩꼬투리(콩과 껍질 전체)째 먹을 수 있으며 다른 콩보다 맛이 좋고 영양적으로 우수하여 혼식용으로 많이 이용되고 있다. 한방에서는 완두콩이 성질이 평이하고, 영양성분이 매우 좋아 오장육부를 이롭게 한다고 하였다.

3. 음식궁합

YES

쌀 : 완두콩밥을 지어 먹으면 쌀에 부족한 아미노산을 보충할 수 있다.

밀 : 밀과 완두는 상호보완적인 역할을 하기 때문에 영양가가 더 높아진다.

4. 재료이야기

1) 종류

- 자화경협종 : 종자용으로 쓰이며 씨알만 먹을 수 있다.
- 백화연협종 : 꼬투리째 먹을 수 있다.
- 겸용종 : 겸용하여 먹을 수 있다.

2) 재료 구입법

완두는 알맹이가 고르고 짙은 녹색이며 콩 껍질 표면이 매끄럽고 단단한 것이 좋고, 물이 충실하며 단맛이 있는 것을 고른다. 완두는 껍질째 구입하여 냉장고에 보관하면서 먹을 때 껍질을 벗겨 조리하는 것이 좋으며, 생완두는 비타민 C를 많이 함유하고 있지만 통조림 등으로 가공된 경우는 대부분이 파괴되어 있기 때문에 날것을 이용하는 것이 영양 면에서 좋다. 국산 완두콩의 경우 덜 여문 낟알을 수확하면 심하게 쭈글쭈글하며, 중국산 완두콩은 씨눈이 들어가 있고 쭈글쭈글한 것이 덜하다.

3) 재료 보관법

완두콩은 냉장고에서도 싹이 나므로 당장 먹을 것을 제외하고는 지퍼팩에 넣어 냉동실에 보관한다. 냉장보관하고 많이 남았을 때는 소금물에 살짝 데쳐 냉동보관한다. 꼭지를 따지 않은 상태로 비닐봉지에 담아 냉장고에 보관하면 싱싱한 상태를 더 오래 유지할 수 있다.

5. 맛있는 조리방법

- 완두콩수프 : 감자와 양파는 껍질을 벗겨 채 썬 후 냄비에 버터를 두르고 볶는다. 완두콩과 우유를 넣고 끓여 믹서기에 곱게 갈고, 치킨파우더, 소금, 후춧가루로 간을 맞춰 끓인다.
- 완두콩샐러드 : 완두콩과 푸실리는 끓는 물에 삶아서 찬물에 헹군다. 청 · 홍피망과 양파는 다지듯이 썬다. 믹싱볼에 양념재료(소금, 간장, 매실청)를 넣고 버무린다.
- 완두콩두유 : 흰콩은 10시간 정도 불려서 같은 분량의 물을 넣고 압력솥에 삶고 완두콩은 같은 분량의 물을 넣고 10분간 삶아서 흰콩 삶은 것과 완두, 물을 넣고 믹서기에 곱게 갈아 마신다.
- 완두콩배죽 : 완두콩은 삶아서 껍질을 벗기고 브로콜리는 데쳐서 배와 곱게 간다. 냄비에 쌀을 넣고 끓이다 쌀알이 퍼지면 완두콩과 브로콜리, 배를 넣고 끓다가 불을 줄여 뜸을 들인다.

• 완두콩멸치볶음 : 완두콩은 물에 데친다. 팬에 기름을 두르고 먼저 멸치를 볶다가 미림, 데친 완두, 양념장(물엿, 맛술, 간장) 순서로 넣고 볶은 후 마지막에 참기름을 넣는다.

완두콩배죽

이것이 궁금해요?

Q 완두콩은 껍질째 먹어도 되나요?

A 콩이 껍질 속에 나란히 들어 있는 전체를 꼬투리라 하고 콩깍지는 껍질만을 말해요. 어린 꼬투리를 살짝 데쳐서 껍질째 먹기도 해요. 완두콩 껍질에는 비타민이 풍부하고 완두콩에는 단백질이 풍부하므로 같이 먹으면 좋아요.

재미있는 음식이야기

• 완두와 그레고르 멘델

멘델은 유전학의 지표를 만든 성직자이자 과학자이다. 그는 완두를 통한 유전실험을 한 것으로 유명한데, 수도원의 정원에서 무려 28,000그루나 되는 완두콩을 기르면서 그 많은 식물들의 키, 꽃과 색깔, 열매들을 기록하고 숫자를 세는 데 많은 시간을 들였으나 생전에 연구 결과는 주목받지 못하고 잊혀져 불우한 일생을 마쳤다. 그러나 그는 "나의 유전법칙은 확실히 진리다. 반드시 인정되는 날이 있을 것이고 나의 시대가 올 것이다"라고 굳게 믿었다고 한다. 그가 죽은 15년 뒤인 1899년 네덜란드의 도모리스 등의 실험결과 멘델의 법칙은 과학적 진리임이 증명되었다고 한다.

Memo

간을 해독시켜 주는 여름과일 참외(Oriental Melon)

1. 역사이야기

참외는 박과에 덩굴성 일년생 작물로 과일이 아니고 채소라고 한다. 밭에서 나는 채소 중 열매를 식용하는 채소를 과채류라 하며 여기에는 가지, 수박, 오이, 참외, 호박 등이 있는데 참외는 수박과 함께 여름을 대표하는 과채류이다. 참외는 인도가 원산지로 유럽으로 들어가 멜론이 되었고 동양에서는 참외로 정착되었다. 우리나라에는 만주를 통해 삼국시대 이전에 들어온 것으로 추정된다.

참외에 대한 기록으로는 조선시대에 참외가 풍족하여 배불리 먹을 수 있어서 애식하고 폭식하였다고 하며, 여름철에는 왕이 신하에게 참외를 많이 하사하였다고 한다. 옛날엔 푸른색, 검은색의 못생긴 참외들이 많았는데 개량된 교배종이 등장하면서 현재는 노란색에 하얀 골이 난 참외가 대부분이며 비닐하우스 등과 같은 재배기술의 발달로 수확기를 앞당겨 판매되고 있다.

허균의 『도문대작』에는 참외를 첨채(甛菜)라 하여

참외는 알칼리성 식품으로 수분함량이 90%이고 당질이 6~8% 정도 함유되어 있다. 칼슘(Ca), 인(P), 칼륨(K) 등의 무기질 함량이 높아 이뇨작용 및 임산부의 엽산(folate)을 보충하는 데도 좋다.

의주 것이 가장 맛이 좋고 달다 하였으나 현재는 경북의 '성주참외'가 국내 생산량의 70%를 차지하며 인지도가 높고 유명하다.

2. 영양과 효능

참외는 알칼리성 식품으로 수분함량이 90%이고 당질이 6~8% 정도 함유되어 있다. 칼슘(Ca), 인(P), 칼륨(K) 등의 무기질 함량이 높아 이뇨작용 및 임산부의 엽산(folate)을 보충하는 데도 좋다.

참외는 과육뿐만 아니라 껍질도 함께 먹어야 좋은데, 껍질의 베타카로틴(β-carotene)이 레티놀(retinol)로 변하여 시력보호 효과가 있으며, 참외 껍질에 함유되어 있는 쓴맛의 쿠쿠르비타신(cucurbitacin)성분이 간기능을 보호하고 항암효능이 있는 것으로 알려졌기 때문이다.

참외를 먹을 때 속을 파내고 먹는 경우가 있는데, 참외 씨에는 무기질 성분과 섬유소가 함유되어 있어 장의 운동을 촉진시키며 참외 씨를 짠 기름에는 노화방지에 효과가 있는 비타민 E가 참기름보다 2배, 옥수수기름보다 5배 많이 들어 있다고 하니 속을 버리지 않고 섭취하는 것이 좋다. 그 외에도 참외에는 GABA(신경전달물질)성분이 있어 혈압을 내려주고 혈전 예방에도 효과가 있다.

한방에서는 참외에 진해(鎭咳), 거담(祛痰)작용을 하는 성분이 있고 완화작용도 하므로 변비에도 도움을 주며 풍담(風痰), 황달(黃疸), 수종(水腫), 이뇨(利尿) 등에도 유효하다 하였다. 『본초서(本草書)』에 "참외는 성(性)이 차고 맛이 달며 독이 없어서 갈증을 멎게 하고 번열을 없애며 소변이 잘 통하고 입과 코의 부스럼을 잘 다스린다"고 기록되어 있다.

참외를 먹을 때 속을 파내고 먹는 경우가 있는데, 참외 씨에는 무기질 성분과 섬유소가 함유되어 있어 장의 운동을 촉진시키며 참외 씨를 짠 기름에는 노화방지에 효과가 있는 비타민 E가 참기름보다 2배, 옥수수기름보다 5배 많이 들어 있다고 하니 속을 버리지 않고 섭취하는 것이 좋다.

3. 음식궁합

YES	
	꿀 : 참외는 찬 성질을 가졌는데 꿀과 함께 먹거나 참외를 먹은 후 꿀차를 마시면 참외의 찬 성질로 인한 배탈, 설사를 방지할 수 있다. **돼지고기 :** 참외를 먹고 체한 데는 돼지고기 태운 가루가 좋다. 또한 참외를 먹고 금방 물에 들어가면 쉽게 체할 수 있으므로 주의한다. **참외껍질+과일 :** 참외껍질은 과일을 먹고 체한 데 좋다. 과일을 많이 먹어서 생긴 적체를 '과적체'라고 하는데, 이때 참외껍질을 끓여 마신다. **참외줄기+수박넝쿨 :** 이 두 가지 재료를 배합해 끓여 먹으면 고혈압 치료에 효과가 있다. 임상발표에 의하면 일주일 전후로 혈압이 정상으로 되돌아온다고 한다.
NO	**땅콩 :** 참외의 찬 성질과 땅콩의 기름기가 서로를 자극하여 위경련을 일으킬 수 있다.

4. 재료이야기

1) 종류

- 은천참외 : 만생종이며 배꼽이 크고 과일은 큰 편이다.
- 재래종참외 : 개구리참외, 깐치참외, 청참외, 감참외, 성환참외 등 대부분 만생종이며 육질은 부드러우나 당도가 낮다.
- 금싸라기은천참외계통 : 금싸라기은천참외, 금괴은천참외, 금동이은천참외, 금노다지은천참외 암꽃은 단성화이고 배꼽은 작은 편이며 변형과 발생이 적고 10~15일간 저장이 가능하다. 80년대 중반에 개발되었으며 당도가 높고 육질이 아삭해서 소비자의 선호도가 높다.

2) 재료 구입법

참외가 너무 크면 작은 것보다 덜 달고 육질이 질기므로 어른 주먹만 한 것이 좋다. 모양은 타원형이며 짙은 황노란색에 표피가 얇고 골이 선명하며 윤이 나야 한다. 살짝 붉은색이 감돌면 너무 익었다는 증거이므로 피하는 것이 좋다. 외관으로 볼 때 배꼽 부분이 작아야 당도가 높다. 꼭지가 시들지 않고 가늘고 싱싱한 것으로 구입하며 달콤한 냄새가 나야 한다. 두들겨보았을 때 맑은 소리가 나야 하며 물에 넣었을 때 뜨면 좋은 참외라고 한다.

3) 재료 보관법

참외는 저장성이 약하므로 오래 놔두면 수분증발로 쭈글쭈글해진다. 수분증발을 막기 위해 신문지나 랩으로 한 개씩 따로 싸두거나 신문지로 싼 참외를 지퍼백이나 밀폐용기에 넣어 보관한다. 상하지 않은 것을 잘 골라야 한다. 상온에 보관하면 물러지고 영상 5℃ 정도의 온도에서 보관하면 당도가 30~40%쯤 좋아지므로 냉장고에 보관한다.

5. 맛있는 조리방법

- 참외백설기 : 참외는 껍질과 씨를 제거하고 썰어서 꾸덕하게 말린 후 멥쌀가루와 참외, 설탕을 넣고 섞은 다음 김이 오른 찜솥에 15분 정도 찐다.
- 참외장아찌 : 덜 익은 참외 씨를 없애고 소금물에 하룻밤 정도 절인 다음 꾸덕하게 말린 후 된장이나 고추장에 박아두었다가 양념하여 먹는다.
- 참외피클 : 덜 익은 참외의 씨를 빼고 4등분하여 꾸덕하게 말린 후 병에 담아 분량의 양념(물 : 설탕 : 식초 : 소금)을 준비하여 끓인 후 뜨거울 때 병에 붓는다. 한 번 더 끓여 식혀 붓는다.

참외장아찌

- 참외오이무침 : 참외는 씨를 없앤 후 모양대로 썰어 소금에 살짝 절이고 오이는 반으로 갈라 어슷 썰어 단촛물(식초 1T, 설탕 1T, 소금1t)에 살짝 절인다. 절인 참외와 오이는 물기를 거두고 깨를 넣어 고루 섞는다.
- 참외수프 : 참외 1개의 껍질과 씨를 제거하고 우유, 꿀과 함께 믹서에 넣고 곱게 갈아 수프를 만든다.

이것이 궁금해요?

Q 금싸라기 참외와 일반 참외의 가격 차이가 있는데 왜 그런가요?

A 금싸라기는 현재 나오는 품종 중에서 가장 우수하고 당도가 높아 가격이 조금 더 비싼 것 같아요. 참외 이름에 '금'을 넣어 지은 것은 참외의 노란색을 강조하기 위한 것이라 합니다.

재미있는 음식이야기

• 참외는 임신부에게 독이다?

임신부가 참외를 먹으면 찬 성분으로 인해 몸이 차가워져 안 좋다는 설이 있지만 사실 참외에는 임신부에게 좋은 엽산이라는 성분이 있다. 태아는 산모의 혈액을 받고 자라는 것이다. 그래서 임신 중에는 특히 혈액이 많이 필요해지는데 참외에 들어 있는 엽산을 많이 섭취하면 조혈작용(造血作用)이 뛰어나서 아이한테 도움이 많이 되고 기형아 예방에 좋다.

식품재료의 모든 것 7월

고운 빛깔의 기력 보강제 복분자
강인한 생명력을 자랑하는 애호박
사포닌 기운으로 여름을 나는 열무
달콤하고 향긋한 뽕나무 열매 오디
자두나무 아래서 갓을 고쳐 쓰지 말라는 자두

고운 빛깔의 기력 보강제

복분자(Black Raspberry)

1. 역사이야기

복분자는 장미과에 속하는 낙엽관목 산딸기속 식물로 중부 이남지역과 제주도에 분포하고 있다. 복분자를 먹으면 오줌발이 세서 요강이 뒤집어진다는 민담에서 유래된 이름으로 '엎어질 복(覆), 요강 분(盆), 아이 자(子)' 라는 의미이다.

붉은 산딸기와 달리 익으면서 검은색을 띠며 한방에서는 익지 않은 푸른 열매를 말려 쓰는데 생약명으로 복분자, 복분, 결분이라 부른다. 복분자는 『동의보감』에도 효능이 기록되어 있으며 현대의학에서도 효능이 밝혀져 한약재뿐 아니라 건강음료로도 많이 이용되고 있다. 복분자술은 전북 고창 지방의 특산물로 유명하다.

복분자는 향기가 없고 먹을 때 씨가 오독오독 씹히는 식감이 있다.

안토시안(anthocyan)계 색소를 함유한 강력한 항산화식품으로 우리 몸에서 활성산소가 과다하게 생성되는 것을 방지하여 질병과 노화를 막는 데 효과적이다.

2. 영양과 효능

복분자는 100g당 당질 12g, 칼슘 30mg, 칼륨 130mg, 엽산, 철분 등이 많이 들어 있는 알칼리성 식품으로 비타민 A가 풍부하여 눈의 건강에 좋으며, 특히 안토시안(anthocyan)계 색소를 함유한 강력한 항산화식품으로 우리 몸에서 활성산소가 과다하게 생성되는 것을 방지하여 질병과 노화를 막는데 효과적이다. 2009년 연구보고서에 의하면 복분자주는 레드와인에 맞먹는 항산화효과를 지니고 있다고 하였다.

또한 폴리페놀(polyphenol)이 다량 함유되어 있어 동맥경화 예방과 피로회복, 혈압강하에 도움을 주며『본초강목』에는 신장에 좋으며 간을 보하고 양기를 일으킨다고 하였다.

다른 과일에 비해 단맛이 적기 때문에 칼로리에 대한 부담이 없어 다이어트 시 섭취하기에 좋다.

3. 음식궁합

YES

호두 : 신장을 보호하면서 몸을 따뜻하게 하고 모발이 검고 윤기나게 한다.
장어 : 복분자의 진한 향이 장어의 느끼함을 달래주고 비타민 A의 작용이 활성화되며, 장어에 부족한 비타민 C를 복분자가 보충해 준다.

4. 재료이야기

1) 종류

- 멍석딸기 : 땅에 낮게 붙어 멍석을 깔아놓은 것처럼 뻗어 나간다고 하여 붙은 이름이다. 덩굴을 뻗으면서 길게 자라며, 5~6월에 분홍색 꽃을 피우고 7~8월에 열매를 붉게 맺는다.

• 곰딸기 : 줄기의 가시털이 곰의 털처럼 보인 데서 곰딸기라는 이름이 붙여졌다. 7월쯤에 붉은 열매를 맺는다.

2) 재료 구입법

상처가 나거나 무른 것을 피하고 과실이 붉고 큰 것을 고른다. 수확시즌에 구입하면 유효성분이 우수하고, 첫 수확에서 10일 내로 구입하면 당도가 떨어진다. 비 오기 전날 구입해도 쉽게 물러지고 당도도 떨어진다. 직거래나 산지에서 직접 구입하는 것이 좋다.

3) 재료 보관법

복분자는 과피의 90% 이상이 수분으로 이뤄져 물에 씻으면 좋은 성분이 다 빠져 나가고 물에 닿으면 금방 물러지기 때문에 씻지 않고 보관 또는 사용해야 한다. 씻게 될 경우 소주를 분무하여 소독한다. 가급적 빨리 먹는 것이 좋으며 냉장보관한다. 오랜 기간 보관할 경우 복분자에 설탕을 뿌려 한 번 먹을 양만큼 소포장하여 냉동보관한다.

5. 맛있는 조리방법

• 복분자수제비 : 복분자를 으깬 즙으로 밀가루반죽을 한다. 멸치육수를 내고 끓으면 반죽을 떼어 넣고 조개와 호박, 양파, 대파를 넣고 청장과 소금으로 간을 한다.

• 복분자소스장어구이 : 장어는 손질하여 소스(생강즙, 간장, 미림, 양파즙, 올리고당)를 발라 석쇠에 굽는다. 접시에 파채를 담고 구운 장어를 올려 복분자소스(복분자소스, 설탕, 전분물, 흰 후추를 넣고 끓여 만든다)를 뿌린 뒤 생강채를 얹어낸다.

• 복분자설기떡 : 멥쌀가루에 복분자즙과 꿀을 넣고 고루 비벼 체에 두어 번 내린다. 복분자 열매를 넣어 고루 섞은 다음 김이 오른 찜솥에 올려 20분간 찐다. 복분자와 슈거파우더, 생크림으로 장식한다.

- 복분자소스 : 냄비에 와인을 끓인 후 복분자, 타임, 월계수잎을 넣고 조리다가 소스가 자작해지면 월계수잎을 건져내고 믹서기에 곱게 갈아 소금, 후추로 간을 한다.
- 복분자주 : 복분자와 설탕을 3 : 1 비율로 섞어 발효시킬 통에 넣고 3일 정도 숙성하여 소주를 붓고 밀봉하여 서늘한 곳에 3개월을 둔다. 3개월 후 정제하여 1~2년 정도 숙성시킨다.
- 복분자잼 : 복분자와 설탕을 냄비에 넣고 천천히 저어주면서 중불에서 끓이다가 복분자가 힘없이 풀어지면 체에 걸러 주걱으로 밀어서 씨를 제거한다. 씨가 제거된 복분자를 다시 냄비에 넣고 타지 않도록 바닥면까지 잘 저어주면서 끓여준다. 어느 정도 시간이 지나 잔거품이 나면 레몬즙을 넣고 한소끔 더 끓인 뒤 주걱으로 떠봤을 때 떨어지는 것이 없는 농도가 되면 불을 끄고 소독한 병에 담아 3개월 정도 보관하면서 먹는다.

복분자주

이것이 궁금해요?

Q 산딸기와 복분자가 비슷해서 차이점을 알고 싶어요.

A 산딸기와 복분자는 비슷하나 산딸기는 주로 산에서 자생하고 신맛과 단맛이 대부분이며 구하기 어렵고 6~8월에 붉게 익는 열매예요. 복분자는 노지에서 재배할 수 있도록 품종을 개량한 것으로 단맛은 적고 약간 씁쓸한 맛이 강한 편으로 7~8월에 까맣게 익는 열매지요.

재미있는 음식이야기

• 고창 복분자 전설

옛날 선운산 주변(반암)에 살던 노부부가 늦게 아들 하나를 낳았는데 아들 몸이 항상 허약해 몸에 좋다는 약을 모두 구해 먹여보았지만 효험을 보지 못해 항상 근심이 많았다. 어느 날 선운산 주지스님을 만나게 되어 자초지종을 말씀드렸더니 주지스님께서는 선운산에서 자란 검정딸기를 먹이면 건강해질 거라고 하셨다.

노부부는 주지스님 말씀대로 선운산을 올라 검정딸기를 따서 며칠간 즙을 짜서 먹여보았더니 열흘이 지나자 아들이 건강한 아이들의 혈색을 되찾았고, 열닷새가 지난 후부터는 아들이 소변만 보면 요강이 자꾸 뒤집혀 깨지기 일쑤여서 걱정 아닌 걱정을 하였다. 그러던 어느 날 선운산 주지스님이 마침 마을을 지나가시는 것을 보고 노인이 황급히 뛰어가 아들이 검정딸기를 먹고 건강한 것은 물론 소변만 보면 자꾸 요강이 뒤집혀 깨진다고 말씀드렸더니 스님은 "복분자, 복분자!"라고 웃으시면서 그냥 선운사로 가버렸다. 노인이 동네로 돌아와 훈장님께 '복분자'가 무슨 뜻이냐고 물어보았더니 훈장님이 아마도 '뒤집힐 복(覆), 요강 분(盆), 아들 자(子)'를 의미하는 것 같다고 하였다.

Memo

강인한 생명력을 자랑하는 애호박(Green Pumpkin)

1. 역사이야기

호박은 박과에 속하는 1년생 초본의 덩굴식품으로 원산지는 중앙아메리카이며 우리나라에는 18세기 말 임진왜란 이후에 들어와 스님들이 먹었다 하여 '승소(僧蔬)'라고도 하였다.

애호박은 동양계 호박의 어린 열매로 자른 단면에 단물이 배어나올 정도로 맛도 좋고 영양가도 높은 채소이다. 과육이 유연하고 단맛이 있어 예로부터 지금까지 우리 식단에 친숙한 식재료로 찌개, 볶음, 부침개 등으로 이용되었으며 맛과 영양으로 우리 식탁에 많은 도움을 준 훌륭한 식품이다.

애호박은 여름철 뜨거운 볕 아래서도 말라 죽지 않는 강인한 생명력을 가지고 있으며, "호박이 덩굴째 굴러 떨어졌다"는 속담처럼 호박을 복으로 표현하여 귀하게 여겼다. 애호박은 사철재배가 가능하여 쉽게 구할 수 있다.

비타민 A가 풍부하여 눈 건강에 좋으며, 애호박 씨에 들어 있는 레시틴성분은 치매 예방과 두뇌발달에 효과가 있는 것으로 알려져 있다.

2. 영양과 효능

호박은 품종과 성숙도에 따라 영양성분이 다르다. 애호박에는 가식부(可食部) 100g당 단백질 1.3g, 탄수화물(당질) 74g, 칼슘(Ca) 23g, 인(P) 42㎎, 비타민 A 958 IU, 비타민 C 12㎎ 등이 함유되어 있다.

『본초강목』에는 애호박의 효능에 대하여 "보중익기(補中益氣)"라고 하였는데, 소화기 계통(특히 위와 비장)을 보호하고 기운을 더해준다는 뜻이다.

또한 호박에 들어 있는 칼륨은 염분의 해를 줄여 혈압의 상승을 억제시키며, 식이섬유가 풍부하여 장의 운동을 도와 변비 예방에도 좋다. 그 외에도 비타민 A가 풍부하여 눈 건강에 좋으며, 애호박 씨에 들어 있는 레시틴성분은 치매 예방과 두뇌발달에 효과가 있는 것으로 알려져 있다.

3. 음식궁합

YES

새우 : 새우젓을 넣고 조리하면 호박이 물러지지 않고 뭉그러지지 않는다. 애호박에는 탄수화물과 비타민 A가 많아 새우처럼 단백질이 많은 재료와 먹으면 좋은 궁합을 이룬다.

팥 : 호박에 부족한 비타민 B_1의 섭취를 증가시켜 준다.

기름 : 지용성 비타민인 베타카로틴(β-carotene)의 함량이 많아 기름에 볶아 먹으면 체내 흡수율이 높아진다.

장류 : 칼륨이 풍부한 애호박은 이뇨작용을 돕고 부기를 가라앉히는 데 효과적일 뿐 아니라 된장같이 염분 많은 장류와 함께 조리할 때 나트륨의 배출을 원활하게 하고, 염도를 중화시켜 준다.

달걀 : 애호박에 부족한 단백질이 풍부하고, 애호박에는 달걀에 적은 비타민 C가 많다. 달걀과 애호박을 함께 먹으면 달걀에 함유된 루테인(lutein)과 제아잔틴(zeaxanthin) 등 카로티노이드 계열의 항산화성분이 망막을 보호하고 녹내장과 황반변성(黃斑變性) 등을 예방해 준다.

4. 재료이야기

1) 종류

- 동양계 호박 : 고온다습지역에서 재배가 가능하며 과육이 황색으로 우리나라의 기후와 풍토에 알맞다. 종류에는 애호박, 늙은 호박이 있다.
- 서양계 호박 : 18세기 말에 우리나라에 들어왔다. 한랭건조한 지역에서 재배되고, 주로 쪄서 이용하며 단호박이 있다.
- 페퍼호박 : 유럽에서 주로 먹는 호박으로 삶으면 과육이 국수처럼 벗겨진다.

2) 재료 구입법

애호박은 크기와 모양이 균일하고 신선한 것, 껍질이 연하고 감촉이 부드러우며 윤기가 흐르면서 꼭지가 마르지 않은 것을 고른다. 과피색이 연한 녹색으로 선명하게 보이는 것, 크기에 비해 무거운 것을 고른다. 잘랐을 때 씨앗이 크지 않으며 조직이 치밀하고 단단하며 연한 것이 좋다.

3) 재료 보관법

호박의 물기를 없애고 신문지나 종이, 랩에 싸서 냉장고에 보관한다. 썰어놓은 것은 비닐팩에 넣어 입구를 닫아 보관한다. 애호박을 얇게 썰어서 햇볕에 말려 호박고지를 만들어 보관한 후 사용하기 전에 물에 불려 볶아서 나물로 사용한다.

5. 맛있는 조리방법

- 호박편수 : 애호박을 채 썰어 소금에 절여 볶고 숙주, 쇠고기, 마른표고 등을 양념하여 볶아 만두소를 만든다. 정사각의 만두피에 만두소를 넣고 잣을 한 알 올려 만두피를 한데 모아 네모지게 만

들어 김이 오른 찜솥에 넣고 찐다.

- 호박젓국볶음 : 애호박은 반달 모양으로 썬 뒤 소금에 살짝 절여 팬에 들기름을 두르고 중불에서 빠르게 볶다가 새우젓, 다진 마늘과 파를 넣고 조금 더 볶는다.
- 애호박전 : 애호박을 둥글게 썰어 소금에 살짝 절인다. 새우살은 다져서 양념을 한다. 절인 애호박의 물기를 닦고 덧가루를 바른 뒤 다진 새우살을 얹어 밀가루, 달걀물을 입혀 팬에 지진다.
- 호박선 : 호박을 4cm 길이로 잘라 열십자로 칼집을 넣어 끓는 물에 소금을 넣고 살짝 데친다. 소고기, 표고버섯, 석이버섯을 곱게 채 썬 뒤 양념하여 데친 호박 칼집에 사이에 채워 넣고 냄비에 간을 한 물을 넣고 끓으면 끼얹어 가며 고루 익혀낸다.
- 월과채 : 애호박, 쇠고기, 버섯 등을 손질하고 채 썰어 양념하여 볶는다. 찹쌀부꾸미를 얇게 부쳐 채 썬 뒤 모두 함께 무친다.

호박전

이것이 궁금해요? Q&A

Q 인큐 애호박이 뭔가요?

A 3일 정도 자란 애호박을 비닐봉지에 넣어 규격화된 모양으로 키워내는 것으로, 비닐봉지를 인큐베이터(incubator)라고 하며 이렇게 키운 애호박을 '인큐 애호박'이라고 합니다. 인큐 애호박은 비닐로 싸여 있어 표면의 상처가 덜 나고, 애호박이 위에서부터 아래까지 굵기가 동일하여 요리의 모양을 잡는 데 유용합니다. 또 인큐 애호박은 일반 애호박보다 단단해져 저장성이 높은 특성 때문에 유통계에서 선호하는데요, 그냥 키운 애호박보다 조직감이 단단하기는 하지만 맛을 보면 자연 그대로 키운 것이 훨씬 더 연하고 맛있습니다.

재미있는 음식이야기

• 호박꽃 꽃말-해독, 관대함, 포용, 사랑의 용기

호박꽃은 못난 여성을 빗댄 말이다. 못생긴 여자를 호박꽃이라 하지만 호박꽃을 자세히 들여다본 사람이라면 얼마나 잘못된 표현인지 알게 된다. 화려한 꽃일수록 질 때는 볼품이 없다. 그러나 호박꽃은 외모가 아름답지 않다고 해도 생색내지 않고 향기로, 맛으로 기쁨을 전하며 탐스러운 애호박까지 남겨 놓고, 몸을 조용히 오므려 지는 모습이 그 어떤 꽃보다 아름답다.

Memo

사포닌 기운으로 여름을 나는 열무(Young Radish)

1. 역사이야기

십자화과 무속의 근채류 채소이며 이름은 '어린 무'를 뜻하는'여린 무'에서 유래되었다고 한다. '더운 열(熱)', '없을 무(無)'를 한자로 사용해 더위를 식혀주는 음식이라는 뜻을 가지고 있기도 하다. 팔레스타인 지역이 원산지로 알려져 있으며 한국인에게서 가장 많이 이용되는 김치의 주원료 중 하나로 무가 작고 가늘지만 대가 굵고 푸른 잎이 많아 봄부터 여름철 식탁에 자주 오르는 대표적인 채소이다. 하우스와 같은 재배기술의 발달로 계절에 상관없이 사철 먹을 수 있지만 열무는 제철인 여름에 더욱 고소하고 맛있다.

사포닌(saponin)성분이 들어 있어 몸의 저항력을 높여주고 혈관에 탄력을 주며 바이러스와 세균으로부터 몸을 지키는 데 도움이 되며, 전분을 분해하는 효소가 함유되어 있어 소화기능 향상에도 좋은 식품이다.

2. 영양과 효능

열무는 수분이 94.9%로 많아 갈증해소에 좋으며 비타민 A, 칼륨 및 철분 등의 무기질이 풍부하다. 열무는 배추보다 클로로필(chlorophyll)의 함량이 많으며 식이섬유가 풍부하여 장운동을 활발하게 하고 열량은 적고 포만감을 주어 다이어트에도 좋은 식품이다.

또한 사포닌(saponin)성분이 들어 있어 몸의 저항력을 높여주고 혈관에 탄력을 주며 바이러스와 세균으로부터 몸을 지키는 데 도움이 되며, 전분을 분해하는 효소가 함유되어 있어 소화기능 향상에도 좋은 식품이다.

열무에는 찬 성질이 있어 몸에 열이 많은 사람에게 좋으며, 여름철 더위로 잃었던 식욕을 증진시켜 주고 어렵지 않게 만들어 먹을 수 있어 유용한 채소이다. 또한 원기를 돋우는 보양제로 여겨져 왔으며 고혈압, 신경통, 시력저하를 예방하는 데 도움을 주는 식품으로 알려져 왔다. 이러한 열무는 대부분 김치의 재료로 이용되는데, 비타민과 미네랄이 풍부한 발효식품이므로 여름에 수분과 염분을 보충할 수 있는 좋은 반찬이다.

3. 음식궁합

YES

보리밥 : 섬유질이 풍부한 보리밥과 열무는 비타민을 보충하는 상호보완의 효과가 있다.

꽁치 : 꽁치의 산성을 열무의 알칼리성이 중화시켜 주며, 골다공증 예방에도 좋다.

쇠고기 : 열무는 찬 성질이라 따뜻한 성질의 쇠고기와 궁합이 좋다.

콩 : 콩은 밭에서 나는 쇠고기라고 불릴 정도로 많은 양의 단백질을 함유하고 있는데 열무와 먹으면 콩에 부족한 비타민 C 등 양질의 영양소를 고루 섭취할 수 있다.

4. 재료이야기

1) 종류

지역별로 열무에 대한 기호도가 달라 강원도 지역에서는 일본 품종인 궁중무 계통이 많이 재배되고, 경상도 지역에서는 잎 가장자리가 후미지게 깊이 패어 들어가고 다소 억센 것을 주로 재배하며, 반면에 전라도 지역에서는 잎이 판엽이고 부드러운 품종이 재배된다.

2) 재료 구입법

열무를 구입할 경우 너무 자란 것은 무 부분이 통통한데다 잔털이 많아 줄기가 질기므로 키가 작고 뿌리의 무 부분이 어린 것을 고르는 게 좋다. 색은 연초록색을 고르며 잎이 너무 가늘면 빨리 무르므로 도톰한 것을 택한다. 시들지 않고, 잎이 양쪽으로 7~8개 난 것, 길이는 25cm 정도 되는 것으로 줄기에 윤기가 있고 곧은 것이 좋으며, 줄기 뒷면에 가시가 없고 무보다는 줄기가 성하고 억세지 않고 줄기를 꺾었을 때 톡 소리가 나는 것이 좋다.

3) 재료 보관법

잎이 금방 시들기 때문에 가능한 한 빨리 먹도록 하고 남은 것은 씻지 않고 신문지에 싸서 냉장보관한다.

5. 맛있는 조리방법

- 열무김치국수 : 열무와 얼갈이는 다듬어 씻어서 소금에 20분 정도 절여 수분을 빼고, 믹서기에 양파, 홍고추, 마늘을 갈고 찹쌀풀을 만들어 김치양념을 만든다. 채 썬 양파와 열무, 얼갈이와 김치양념을 가볍게 섞어 김치통에 넣어 익힌다. 끓는 물에 소면을 삶아 그릇에 담고 익은 열무김칫국

과 멸치육수 섞은 국물을 부어 열무김치를 얹어 낸다.

- 열무물김치 : 열무는 손질하여 적당히 자른 후 소금에 절여 소쿠리에 건져서 물기를 빼고, 파, 청 · 홍고추는 어슷 썰고 밀가루풀을 쑤어 간을 하여 식힌다. 열무에 물과 밀가루풀 , 고춧가루, 청 · 홍고추, 다진 파, 다진 마늘을 넣고 살짝 버무려서 항아리나 용기에 담아 바로 냉장고에 넣어 숙성시킨다.
- 열무고등어조림 : 열무의 건지만 준비한다. 고등어는 내장을 빼고 손질하여 어슷하게 토막을 낸다. 냄비에 열무, 고등어를 담고 조림양념장(간장, 고춧가루, 다진 마늘, 설탕, 생강즙) 1/2과 고등어가 닿을 정도의 물을 넣고 끓이다가 나머지 양념 1/2과 홍고추, 대파를 넣고 국물을 자작하게 끓인다.
- 열무된장조림 : 열무는 다듬어 끓는 물에 데쳐서 적당한 크기로 자른 후 된장과 다진 마늘을 넣어 양념을 하고 냄비에 기름을 두르고 볶다가 쌀뜨물에 다시마 우린 물을 넣고 끓인다. 국물이 자작해지고 양념이 어우러지면 대파와 홍고추를 넣고 잠시 더 끓인다.
- 열무들깨무침 : 손질한 열무를 끓는 물에 소금을 넣고 데쳐서 적당히 썬다. 열무에 파, 마늘, 맛술을 넣고 무쳐서 기름 두른 팬에 살짝 볶아 양념(들깻가루, 들기름, 다진 파, 다진 마늘)을 넣고 버무린 뒤 소금으로 간을 맞춘다.

열무김치

이것이 궁금해요?

Q 열무김치 맛있게 담그는 방법 좀 알려주세요.

A 어리고 연한 열무를 사용하는 것이 좋으며 소금물에 살짝 절이면 안 질기고 절인 뒤 가볍게 버무려야 풋내가 많이 나지 않아요. 또는 버무릴 때 녹말가루나 밀가루 풀을 조금 넣으면 풋내가 나지 않고 맛도 부드러워져요.

재미있는 음식이야기

• 유명한 일산열무

일산에서 재배되는 채소 중에 열무가 가장 유명한데 수도권 시장에서 팔리는 열무의 대부분이 일산열무이다. 열무를 묶은 검고 빨간 띠에 '일산열무'라고 인쇄되어 있는데, 일산 농민들은 이 띠를 공동으로 사용하고 있다. 가락시장에서는 일산열무가 다른 지역의 열무에 비해 비싸게 거래되는데, 다른 지역의 열무에 비해 아삭한 식감과 향이 좋아 가격이 높다. 1990년대 중반 한 종묘회사에서는 '일산열무'라는 이름으로 품종까지 등록하였다. 그러나 일산에서는 이 종자만으로 열무를 재배하는 것은 아니며, 이는 일산열무의 유명세에 기대어 종자 장사를 하는 정도로 보인다.

일산열무가 언제부터 유명하였는지는 정확한 기록이 없다. 고양시농업기술센터에서도 일산열무에 대한 자료를 정리해 두고 있지 않지만 지역 농민들은 50여 년 전부터 일산열무가 서울 서부권시장에서 석권하였다고 증언한다. 일산에서 수색을 거쳐 신촌에 이르는 길이 직선 거리인데 그 길을 따라 일산열무가 서울 시장에 나가 팔렸을 것으로 보인다. 일산 민속지 등의 자료에 의하면 일산에 시설 채소가 널리 재배되기 시작한 것은 1960년대로 기록되어 있는데, 서울이 본격적으로 거대 도시로 커져나갈 시기였고, 그 즈음부터 일산열무의 명성이 생긴 것 같다.

달콤하고 향긋한 뽕나무 열매 오디(Mulberry)

1. 역사이야기

오디는 낙엽성 교목 뽕나무 열매로 원산지는 온대 아열대 지방이며 한국 · 중국 · 일본에 분포되어 있다. 우리나라에서는 5월부터 6월에 걸쳐 과실의 색이 검은색 또는 자홍색을 나타낼 때 채취하여 주로 식용하거나 건조 후 한약재로 사용하고 있다.

뽕나무의 과실은 식용을 하고 술로도 빚으며 껍질은 한방에서 이뇨제로 사용한다. 뽕나무의 나무잎은 누에의 먹이가 되고 뽕잎을 먹은 누에는 실을 낳아 비단을 만드는 옷감의 중요한 원료가 되므로 조선시대에는 농가마다 뽕나무를 심어 관리하였다. 오디를 경상도, 충청도 지방에서는 오들게라고 하며 한방에서는 상심, 상실이라 부른다. 뽕나무의 이름은 열매인 오디를 먹으면 소화가 촉진되어 방귀가 뽕뽕 나온다고 하여 붙여진 이름이라 한다. 예전에 간식거리로 많이 먹었던 오디가 요즈음에는 블랙푸드, 웰빙식품으로 크게 주목받고 있다.

당뇨병 예방에도 탁월한 효과가 있음을 알 수 있으며, 『동의보감』에서는 오디를 '상심자(桑椹子)'라 해서 늙지 않는 약이라 불렀다.

2. 영양과 효능

오디는 수분이 85%에 이르고 당분으로는 포도당과 과당이 함유되어 있어 단맛을 낸다. 무기질로는 칼슘, 인, 철의 함량이 높고 비타민의 함량도 비교적 높은 편이다. 오디의 황산화색소인 안토시아닌(anthocyanin)성분은 천연색소로 노화를 억제하고 시력개선 효과가 있으며 몸속에 유해 활성산소를 제거하는 황산화력도 뛰어나다. 오디의 루틴(rutin)성분은 두피를 건강하게 만들고 탈모를 예방한다고 한다.

또한 혈당을 낮추어주는 인슐린(insulin)성분이 들어 있는데,『동의보감』「탕액편」에 "까만 오디는 뽕나무의 정령이 모여 있는 것이며 당뇨병에 좋고 오장에 이로우며 오래 먹으면 배고픔을 잊게 해준다"라는 기록에서도 알 수 있듯이 당뇨병 예방에도 탁월한 효과가 있음을 알 수 있으며,『동의보감』에서는 오디를 '상심자(桑椹子)'라 해서 늙지 않는 약이라고 불렀다.

오디는 칼로리가 낮아 비만인 사람에게도 적합한 식품이다.

3. 음식궁합

YES	**구기자 :** 구기자는 우리나라뿐 아니라 중국, 일본 등의 오랜 역사 속에서 약효를 인정받은 안티에이징(anti-aging)약재이다. 특히 오디와 함께 먹으면 어려보이는 얼굴을 가지는 데 효과적이다. **요구르트 :** 요구르트와 함께 먹으면 유산균 생육에 좋고 맛도 더 좋다.

4. 재료이야기

1) 종류

- 돌뽕나무 : 산기슭의 양지바른 곳이나 들판, 바닷가에 주로 서식한다. 톱니가 있으며 뒷면에 잔털이 빽빽하다. 잎의 가장자리에 얕고 불규칙한 열매가 희다가 붉어진다.
- 몽고뽕나무 : 우리나라 중부 이북의 산기슭에 자라는 낙엽활엽목으로 몽골과 중국에 분포한다. 잎가장자리의 톱니 끝이 바늘처럼 뾰족하다. 열매는 6~7월에 익는다.
- 산뽕나무 : 낮은 산에서 깊은 산까지 양지바른 곳에 서식한다. 잎이 가지에 어긋나게 달렸다. 잎맥 뒷면에 잔털이 있다. 열매가 작으며 붉다가 검어진다.

2) 재료 구입법

8~9월이 제철인 오디는 꼭지가 싱싱하고 통통한 것을 고른다. 겉은 검은색으로 무르지 않은 것이 좋다. 살짝 눌러보았을 때 보랏빛 즙이 보이는 것이 좋다.

3) 재료 보관법

오디는 상온에서 쉽게 물러지므로 빨리 먹는 것이 좋고 보관 시에는 물기가 없게 비닐팩에 넣어 냉장이나 냉동보관한다.

5. 맛있는 조리방법

- 오디크러시 : 얼음을 믹서에 곱게 갈고 오디와 얼음을 섞어 간다. 잔에 얼음 간 것을 넣고 오디와 토닉워터를 넣어 완성한다.
- 브로콜리오디샐러드 : 브로콜리는 손질하여 데치고 새싹채소는 씻은 뒤 조금 준비하여 접시에 브

로콜리와 새싹채소, 호두, 아몬드를 담고 오디소스(발효오디즙, 대추 다진 것, 식초, 올리브 오일)를 얹는다.

- 오디주스 : 오디와 우유, 꿀을 넣고 믹서기에 곱게 갈아 잔에 담는다.
- 오디잼 : 오디를 잘 씻어 두꺼운 냄비에 넣고 설탕을 2~3번에 나누어 넣으면서 농도에 알맞게 조린다.
- 오디설기떡 : 멥쌀가루에 오디청과 우유를 넣고 수분을 맞춘 후 설탕을 넣어 섞고 찜 틀에 담아 김이 오른 찜솥에 15분간 쪄서 오디로 장식한다.

오디잼

이것이 궁금해요? Q&A

Q 블랙베리와 오디는 어떻게 구분하나요?

A 블랙베리는 해마다 다시 피는 다년생 식물로 원산지가 남미이며, 장미과에 속하는 robus genus의 수천 종류의 베리 중 하나예요. 이것은 땅과 가깝게 자라는 덩쿨나무로 가시가 많으며, 완전히 익었을 때의 색깔은 검은색과 짙은 보라색으로 오디와 비슷해 구분이 어렵기도 합니다. 블랙베리는 둥근 모양이며 많은 영양소와 함께 지방이 전혀 들어 있지 않아 칼로리 또한 낮은 과일이에요.

오디는 완전히 익으면 짙은 보라색이며 뽕나무과의 morus genus에 속한 식물이며 원산지는 유럽, 일부 아프리카 그리고 아시아입니다. 이것은 가시가 없는 나무에서 자라고 타원형이며 오디를 먹고 나면 주스의 짙은 색깔이 입에 물들기도 해요. 만약 이 주스가 옷에 묻었을 경우엔 지우기가 매우 힘들어요.

재미있는 음식이야기

• 오디나무 전설

오디나무의 열매는 원래 흰색이었는데, 피라무스(Pyramus)와 티스베(Thisbe)라는 두 연인이 죽은 이후부터 붉어졌다고 한다.

바빌론의 비좁은 거주지에서 이웃해 살던 두 사람은 함께 자라면서 서로 깊이 사랑하게 되었지만, 부모들이 둘의 결혼을 막았다. 힘든 사랑을 하는 두 사람은 다 아는 오디나무가 있는 니노스 묘지에서 만나자고 했다.

티스베는 먼저 살며시 집을 빠져나와 곧장 묘지로 향했다. 하지만 묘지에 도착한 티스베는 암사자를 만났고 티스베가 달아나기 시작하자 암사자는 그녀의 망토를 물어뜯었지만 티스베는 가까스로 도망칠 수 있었다.

이어서 도착한 피라무스는 티스베의 찢어진 망토와 짐승의 시체를 게걸스럽게 먹고 있는 암사자를 보았고, 티스베가 암사자에게 죽었다는 생각에 몹시 괴로워하다 절망감으로 거의 미쳐 암사자를 몰아내고 칼을 빼들어 자기 옆구리를 찔렀다. 피가 흰색 오디 위로 뿜어졌다.

얼마 후 티스베가 묘지로 발길을 돌렸다. 그러나 끔찍하게도 티스베는 애인이 죽어서 땅바닥에 쓰러져 있는 것을 발견했고, 피라무스 옆에 떨어져 있는 그의 칼과 자신의 피 묻은 망토를 보고 무슨 일이 일어났는지 바로 짐작했다. 티스베는 피라무스의 칼로 자기 가슴을 찔러 그의 옆에서 죽고 말았다.

그 비극적인 장면의 유일한 목격자인 오디나무는 그 연인들을 가엾게 여겨 열매를 온통 피처럼 붉게 물들였다는 전설이다.

Memo

자두나무 아래서 갓을 고쳐 쓰지 말라는

자두(Plum)

1. 역사이야기

자두는 낙엽활엽 소교목으로 순수한 우리말로 오얏이라 하며, 복숭아를 닮았다고 해서 '자도(紫桃)'였던 것이 '자두'로 불리게 되었다.

원산지는 중국이며『삼국사기』에 "복숭아와 오얏의 꽃이 피었다"라는 기록으로 보아 우리나라에도 오래전부터 있었던 것으로 추정된다.

자두는 살구, 복숭아와 유사하지만 껍질에 털이 없고 표피가 매끄럽고, 자두나무는 건조지역에서도 잘 재배되나 소금기가 있는 토양에서는 잘 자라지 못한다. "참외밭에서 신발을 고쳐 신지 말고 오얏나무 아래서 갓을 고쳐 쓰지 말라"는 속담이 있듯이 자두의 맛이 좋아 누구나 탐냈다는 뜻이 담겨 있다.

자두는 한의학에서는 오장에 도움을 주는 중요한 오과(五果) 중 하나이다.

식이섬유와 철, 인, 칼륨이 풍부하여 변비 예방과 빈혈, 혈액순환에 효과적이며 다른 과일에 비해 칼슘이 2~4배 높아 성장기 아이들이나 여성의 골다공증에 도움을 준다.

2. 영양과 효능

자두의 당질은 포도당, 과당, 설탕으로 전체 당함량은 6~14%로 이루어져 있고 유기산으론 사과산이 많아 특유의 맛을 결정하며 펙틴(pectin)이 풍부하여 잼, 젤리 제조에 사용된다.

자두는 여성호르몬을 상승시키는 붕소(boron)라는 성분이 과일 중 가장 많아 얼굴의 기미를 제거하고 주름살이 생기는 것을 방지하여 여성에게 좋은 과일이다. 자두를 하루에 한 개만 섭취해도 에스트로겐 상승효과를 기대할 수 있다.

식이섬유와 철, 인, 칼륨이 풍부하여 변비 예방과 빈혈, 혈액순환에 효과적이며 칼슘이 다른 과일에 비해 2~4배 높아 성장기 아이들이나 여성의 골다공증에 도움을 준다.

3. 음식궁합

YES

빵 : 자두에 부족한 탄수화물을 빵과 자두잼으로 함께 섭취하면서 보충할 수 있다.

시금치 : 빈혈에 좋다. 두 가지 모두 철분을 함유하고 있고, 비타민 C 유기산이 신진대사를 촉진한다.

사과 : 자두의 강장 및 건위작용과 사과의 펙틴성분이 변비를 해소하며 자두의 미네랄과 사과의 유기산이 신진대사를 촉진한다.

수박 : 수박에는 아미노산의 일종인 시트룰린(citrulline)이라는 성분이 있어 단백질을 요소로 바꿔 소변으로 내보내는 작용을 하므로 부종과 복수치료에 좋다.

파파야 : 자두는 소화기관을 튼튼히 하고, 파파야는 파파인(papain)이라는 단백질 분해효소를 지니고 있어 육류의 소화를 돕는다. 때문에 두 과일을 함께 먹으면 식욕이 증진되고 육류 소화에 효과적이다.

NO

조류와 관련된 음식 : 화학반응을 잘 일으키는 자두와 오리알, 달걀 등 조류와 관련된 음식물과 함께 섭취하면 알레르기 및 식중독을 일으킬 수 있다.

4. 재료이야기

1) 종류

- 대석조생 : 단맛이 많고 신맛은 적으며 무게가 90g 정도로 6월 말~7월 초에 나온다.
- 후무사 : 국내에서 대중적인 품종이며 풍부한 과즙과 단맛을 가지며 신맛은 적다. 무게가 150g 정도이며 7월 중순에 나온다.
- 수박자두 : 녹색의 과피에 빨간색의 과육을 가졌고 당도가 높다. 무게가 100g 정도로 7월 말에 나온다.
- 홍자두 : 단맛과 신맛이 조화를 이룬다. 무게가 130g 정도이다. 착색되므로 구매 시 주의한다.
- 피자두 : 과육이 단단하고 잘 물러지지 않으며 무게가 145g 정도이며 8월 초에 나온다. 자두술에 활용된다.

2) 재료 구입법

자두는 만져봐서 단단하고 묵직하며, 윤기가 흐르고 껍질에 상처가 없어야 한다. 약간의 붉은빛과 노란색, 연두색이 자연스럽게 섞인 것을 고르며 자두의 끝이 뾰쪽하고 분이 묻은 것이 당도가 좋다. 하트 모양으로 예쁘고 골이 뚜렷하며 분이 뽀얗게 많은 자두가 맛있다.

3) 재료 보관법

자두는 상온에서 4~5일 정도는 가능하지만 깨끗이 씻어 냉장 저장하는 것이 좋다. 자두는 에틸렌 발생이 많으므로 다른 과일과 따로 보관하는 것이 좋다.

5. 맛있는 조리방법

- 자두잼 : 자두에 설탕을 넣고 푹 물러지도록 삶아 체에 내려 씨와 껍질을 걸러준다. 걸러진 자두는 불에 올려 잼의 농도까지 조리다가 마지막에 레몬즙을 넣는다.
- 자두효소 : 자두는 깨끗이 씻어 물기를 말린 후 십자로 칼집을 넣어 효소 담을 용기를 소독하여 자두와 설탕을 1 : 1.2 비율로 준비하여 넣는다.
- 자두샐러드 : 자두와 피자두는 껍질째 깨끗이 씻어 어슷 썬다. 플레인 요구르트에 식초, 꿀, 우유를 넣고 드레싱을 만들어 차게 두었다가 접시에 자두와 견과류를 올리고 드레싱을 뿌려준다.
- 자두스무디 : 자두는 과육만 준비하여 믹서기에 얼음과 꿀 또는 올리고당을 넣고 갈아준다.
- 자두화채 : 얇게 저민 자두와 황설탕을 동량으로 섞어 한 달간 숙성시켜 자두청이 완성되면 큰 볼에 자두청과 찬 생수, 예쁘게 모양낸 제철과일을 넣어 잘 섞은 다음 화채 그릇에 담아낸다.

자두효소

이것이 궁금해요? Q&A

Q 예전엔 변비로 고생하면 물, 양배추, 다시마 등을 추천했는데 요즘은 서양자두 프룬을 먹으라고 하던데 프룬에 대해 자세히 좀 알려주세요.

A 프룬은 서양자두를 수분이 20%가 될 때까지 말린 후 씨를 제거한 자두를 말해요. 프룬의 섬유소 중 절반이 비수용성 섬유질인데 이 비수용성 섬유질은 장의 운동을 촉진해 변비를 개선하는 효과가 있어요. 구입할 때는 약간 부드럽고 다소 유연한 것을 고릅니다. 푸른 기운이 도는 검은 껍질에 흠이 없어야 합니다. 공기와 닿지 않도록 해서 시원하고 건조한 곳에 두며(혹은 냉장) 6개월까지 저장할 수 있어요.

재미있는 음식이야기

• 대한제국과 왕실의 상이었던 자두꽃(오얏꽃)문양의 슬픈 역사

창덕궁의 인정문과 인정전의 용마루에는 구리로 만든 오얏꽃문양이 여러 개 붙어 있다. 원래부터 있던 것은 아니고 일제가 붙인 것이다. 일본 제국주의(일제)는 간교하고 치밀하게 조선 왕실을 부정하고 우리의 민족정신을 말살하려는 전략을 구사했다. 일제는 순종이 창덕궁으로 옮겨오자 창덕궁의 정전인 인정전과 그 앞의 인정문에 오얏꽃문양의 커다란 메달을 붙여 놓았다. 순종도 유럽 왕실에서 이미 오래전부터 고유의 자체 문양을 가지는 것이 유행이라는 것을 알고 흥미를 가지고 있었다고 한다. 오얏꽃은 이화(梨花), 즉 이씨(李氏)를 상징하는 것이다. 분만 아니라 일제는 고종을 이태왕(李太王), 순종을 이왕(李王)이라 부르기 시작했고 조선이라는 단어는 사라지게 했다. 일제는 조선왕조를 일본 천황 밑의 씨족국가인 '이씨왕조(李朝)'로 격하시키고자 했다. 전통적으로 많이 사용되는 용이나 봉황 등의 문양을 무시하고 단순히 오얏 리, 즉 이씨를 강조하여 왕의 품위를 격하시키기 위해 오얏꽃문양을 사용하게 했던 것이다.

Memo

식품재료의 모든 것 8월

향기와 영양이 뛰어난 식탁 위의 명약 깻잎

미인을 만드는 복숭아

착하고 맛있는 국민건강 간식 옥수수

향기와 영양이 뛰어난 식탁 위의 명약

깻잎(Perilla Leaf)

1. 역사이야기

꿀풀과의 들깨속으로 일반 농가에서 흔히 재배하는 일년생 초본식물이며 재배역사가 오래된 식물이다. 인도, 중국 등이 원산지이며 우리나라 전역에 걸쳐 재배되는 들깨작물로 통일신라시대 때부터 재배하기 시작했다. 들기름을 짜내기 위하여 재배되고 있지만 생육하는 동안 잎을 수확하여 쌈이나 장아찌, 나물, 김치 등으로 식용하고 있다.

최근에는 육류 증가와 함께 소비량이 점차 증가하고 있어 쌈채소로써의 역할을 더욱 톡톡히 한다. 깻잎은 전 세계적으로 우리나라에서 많이 먹는 식품 중 하나이며 들깨의 잎을 백소엽(白蘇葉)이라 한다.

들깨의 독특한 향이 방충의 역할을 해 농약이 없던 시절 논이나 밭두렁에 심어 해충을 쫓는 용도로 사용되기도 했다.

특유한 향을 내는 페릴라케톤(perillaketone), 페릴알데하이드(perillaldehyde) 등의 방향성 정유 성분이 입맛을 살려주며, 방부제 역할을 하므로 여름철 식중독 예방에도 효과가 있다.

2. 영양과 효능

깻잎은 수분이 87% 이상이며 철(Fe), 칼륨(K) 등의 무기질이 다른 식품에 비해 많은 알칼리성 식품으로 빈혈과 혈액응고, 골다공증 예방과 음식을 짜게 먹었을 때 염분을 조절하는 데 유용한 식품이다. 또한 깻잎은 고기를 먹을 때 상추와 함께 쌈으로 곁들여 먹는데 고기에 들어 있지 않은 영양을 보충하여 균형을 이뤄준다. 특히 비타민 A와 비타민 C가 많이 들어 있는데 100g 기준 당근과 비슷한 양이 들어 있다.

깻잎에는 파이톨(Phytol)이라는 성분이 들어 있어 암세포를 제거해 주는 효능이 있으며, 특유한 향을 내는 페릴라케톤(perillaketone), 페릴알데하이드(perillaldehyde) 등의 방향성 정유성분이 입맛을 살려주며, 방부제 역할을 하므로 여름철 식중독 예방에도 효과가 있다.

한방에서는 열을 내리게 하여 열 감기에 좋은 식품으로 알려져 있고, 체한 기운이 있는 사람이나 구토, 설사에 효능이 있다.

3. 음식궁합

YES

쇠고기 : 쇠고기에는 비타민 A, C가 거의 들어 있지 않고 콜레스테롤이 높은데 깻잎에는 쇠고기에 없는 칼슘과 비타민 A, C가 많고 철분은 쇠간과 맞먹을 정도로 충분히 들어 있다.

생선회 : 깻잎의 독특한 향을 주는 정유성분(perill keton)은 생선이나 고기의 비린 맛을 없애주고 방부제 기능이 있어 생선회와 함께 먹으면 식중독 예방에 도움을 준다.

시금치 : 두 식품 모두 철분 함유가 높기 때문에 심장기능을 강화하는 데 효과적이며 빈혈에도 좋다.

게 : 게를 먹고 중독되었을 때 깻잎 생즙을 먹는다. 물고기와 게를 지나치게 많이 먹어서 생긴 적체를 어해적(魚蟹積)이라 하는데, 이런 경우에 좋다.

4. 재료이야기

1) 종류

- 차조기잎 : 꿀풀과의 한해살이풀로 소엽(蘇葉)이라고도 하며 잎은 자줏빛이 돌며 일반 깻잎과는 다른 향기가 있다. 한방에서 약재로 쓰인다.
- 참깨잎 : 한해살이풀로 씨앗으로는 기름을 짜고 깨소금, 깨엿 등을 만들며 식용으로는 작고 억세서 먹지 않는다. 식품 및 공업원료로 쓰이며 깻잎에서 나는 정유는 화장품 생산에 이용되기도 한다.

2) 재료 구입법

깻잎 특유의 향이 진하고 벌레가 먹지 않았으며 윤기가 흐르고 잎은 짙은 녹색이며 부드러운 것, 줄기가 마르지 않고 잎의 크기가 일정한 것을 고른다. 또한 솜털같이 붙어 있는 잔가시가 선명하고 까칠까칠한 것이 좋다.

3) 재료 보관법

깻잎은 잔털이 많아 이물질이 붙어 있기 쉬우며 보관 시 수분이 마를 수 있으므로 밀봉하여 보관한다. 냉장고에 보관 시 습기에 의해 물러지기 쉬우므로 종이타월을 몇 장 겹쳐 넣어주면 좋다. 깻잎에 저온의 냉기가 스며들었거나 물기가 있는 상태에서 보관할 경우에도 검은 반점이 생길 수 있다.

5. 맛있는 조리방법

- 깻잎말이김치 : 소금물에 잠시 절인 깻잎에 무와 밤, 마늘, 생강을 채 썰어 양념(고춧가루, 액젓, 설탕)한 뒤 무채를 올리고 돌돌 말아 항아리에 담는다.

- 깻잎전 : 깨끗이 씻어 손질한 깻잎에 덧가루를 묻혀 곱게 다진 뒤 양념한 고기소를 넣고 반으로 접어 밀가루와 달걀물을 입혀 기름 두른 팬에 지진다.
- 깻잎장아찌 : 깨끗이 씻은 깻잎은 물기를 거둔 후 차곡차곡 쌓아 깻잎이 보이지 않게 된장을 고루 덮고 그 위에 물엿을 부어 일주일 정도 후에 먹는다.
- 깻잎순나물 : 어린 깻잎순을 끓는 물에 소금을 넣고 살짝 데쳐 물기를 짜고 양념하여 팬에 들기름을 두르고 중불에서 볶는다.
- 깻잎부각 : 깻잎을 씻어 물기를 거두고 황태육수에 간을 하여 찹쌀풀을 쑤어 깻잎에 발라 건조시킨 후 튀김기름에 튀겨낸다.

깻잎말이김치

이것이 궁금해요? Q&A

Q 깻잎과 비슷한 자소엽(紫蘇葉)에 대해 알고 싶어요.

A 자소엽은 차조기라고도 하고 일반적으로 사람들이 보라색 깻잎이라고 부를 정도로 깻잎과 유사하게 생겼지만 보라색을 띠고 있는 약용식물이에요. 보라색 성분에 항산화물질이 풍부하고, 한방에서는 기(氣)가 위로 치밀어 오르는 것을 내리며 한(寒)을 발산시키는 역할을 한다고 기록하고 있지요. 자소엽은 특유의 냄새가 있고, 맛은 쓰고 깻잎보다 매운맛을 가지고 있습니다.

재미있는 음식이야기

• 쌈 싸 먹는 우리 민족의 문화

우리나라에는 예로부터 '쌈'이라고 하는 독특한 식습관이 있는데 이는 다른 나라에서는 찾아볼 수 없는 것으로, 쌈을 먹을 때 안에 들어가는 속재료보다 싸 먹는 겉을 더 중요하게 생각한다. 시절음식 중 '복쌈'이라는 것이 있는데 이는 정월 대보름날 김이나 취, 깻잎 등에 밥을 싸서 먹는 풍습으로 쌈이란 무엇을 싼다는 뜻이므로 복쌈은 복(福)을 싸서 먹는다는 의미를 가진 것이다. 이렇게 우리 조상들은 정월 대보름에 복을 기원하는 기복행위와 풍농을 기원하는 농경의례의 한 형태로 밥을 김이나 취에 싸서 먹었던 것을 알 수 있다. 이 쌈의 빠질 수 없는 재료가 깻잎으로 지금도 상추와 깻잎은 쌈의 재료에서 빠질 수 없는 재료로 특히 외국에서 생활하는 우리나라 사람들의 향수를 불러일으키는 재료 중 하나이다.

Memo

미인을 만드는 복숭아(Peach)

1. 역사이야기

복숭아나무는 원예학적으로는 핵과류에 속하며 식물학적으로는 도이과, 도이속에 속한다. 원산지는 중국 서부지역이고 우리나라에서는 오래전부터 재배되어 왔다. 고온 다습한 시기에 수확되고 과실 자체가 저장력이 없기 때문에 가공업이 크게 발전하기 전에는 대규모 재배가 어려웠다. 그러나 최근에는 통조림, 잼, 과일즙 등에 많이 이용되고 있다.

복숭아에 대한 설화가 많은데 복숭아꽃이 만발한 골짜기를 신선들이 사는 '무릉도원'이라 하였고, 『삼국지』의 세 주인공이 도원결의한 복숭아밭도 그러한 예다. 또한 세간에는 "도깨비는 복숭아 가지로 쫓아야 한다"는 속담이 전해지며 조상들은 복숭아가 귀신을 쫓는다는 속신에 기인하여 울안에 복숭아나무를 들이지 않으며 다른 과일과 달리 제사상에 올리지 않고 있다. 복숭아의 종자는 한방에서 도인(桃仁)이라 하여 약재로 쓴다.

복숭아는 육질이 연하고 과즙이 많으며 단맛이

복숭아 껍질은 해독작용이 있고, 유기산(organic acid)은 니코틴(nicotine)을 제거하며 독성을 없애기도 하며, 발암물질인 나이트로소아민(nitrosoamine)의 생성을 억제하는 성분도 들어 있다.

많은 것으로 씨 주변에 섬유질이 적은 것이 상품이며, 차갑게 하면 단맛이 떨어지는데 복숭아의 단맛은 80% 이상이 수크로오스로 이루어져 낮은 온도에서는 감미가 약하게 느껴지기 때문이다.

천도복숭아는 백도, 황도와 달리 껍질에 털이 없고 단단한 조직으로 되어 있어 저장성이 좋으며, 신맛이 더욱 강하다.

2. 영양과 효능

복숭아의 성분은 품종에 따라 차이가 있지만 수분이 90% 이상이며 당질은 설탕, 포도당, 과당으로 이루어져 있으며, 유기산은 사과산이 주가 된다. 카로티노이드(carotinoid)색소를 함유한 황도는 비타민 A가 풍부하여 야맹증에 좋으며 수용성 식이섬유인 펙틴(pectin)의 함량이 많아서 장 안의 유해물질을 배출하는 효과가 있어 변비를 예방한다. 특유의 향은 개미산(formic acid), 초산(acetic acid) 등의 에스테르(ester)와 알코올류, 알데히드류(aldehydes)가 어울려 나타나는 것이고, 과육의 갈변은 폴리페놀(polyphenol)화합물과 그 산화효소인 폴리페놀산화효소의 작용에 의한 것으로 묽은 식염수나 아스코르브산(ascorbic acid) 수용액에 담그면 방지할 수 있다.

복숭아 껍질은 해독작용이 있고, 유기산(organic acid)은 니코틴(nicotine)을 제거하며 독성을 없애주기도 하며, 발암물질인 니트로소아민(nitrosoamine)의 생성을 억제하는 성분도 들어 있다.

카로티노이드(carotinoid)색소를 함유한 황도는 비타민 A가 풍부하여 야맹증에 좋으며 수용성 식이섬유인 펙틴(pectin)의 함량이 많아서 장 안의 유해물질을 배출하는 효과가 있어 변비를 예방한다.

3. 음식궁합

YES

사과 : 두 재료 모두 식물성 섬유인 펙틴이 풍부해서 변비에 좋다. 또한 사과산, 구연산 등 유기산을 더 많이 섭취할 수 있어 피로회복을 돕는다.

요구르트 : 변비, 피를 맑게 한다.

파인애플 : 월경불순 개선효과가 있다.

바나나 : 함께 먹으면 열성체질이든 냉성체질이든 관계없이 장이 건조해서 생기는 변비를 모두 치료할 수 있다. 복숭아는 음성 냉성체질에 좋고, 바나나는 양성의 열성체질에 잘 어울리기 때문이다. 또 두 과일을 일정한 비율로 섞어 먹으면 술독과 니코틴을 해독하며 술과 담배가 지나쳐 갈증이 심한 때도 효과를 볼 수 있다.

NO

장어 : 복숭아의 유기산이 장어에 함유된 지방의 소화를 방해하기 때문에 장어를 먹고 복숭아를 먹으면 설사를 일으키기 쉽다.

게 : 복통을 일으키기 쉽다.

4. 재료이야기

1) 종류

- 백도 : 단단한 편이고 껍질과 과육이 대체로 하얗고 붉게 물들어가며 익는다. 당도가 높고 완전히 익으면 과즙이 많아진다. 7월에 출하되는 조생백도, 몽부사, 가납암, 왕봉, 그레이트, 마도카, 장택백봉 등이 있고 8월에 출하되는 경봉, 천중도, 미백도, 올유명 등이 있다. 강수량이 많은 해에는 물맛이 많이 난다.

• 황도 : 껍질과 과육이 노란색을 띠며 붉게 물들어가며 익는다. 8월 출하되는 대지황도, 황귀비 등이 있고, 9월 출하되는 장호원황도 등이 있다. 당도도 높고 과즙이 풍부하고 과육이 부드럽다.
• 천도 : 백도, 황도와 달리 잔털이 없어 마치 사과처럼 매끈한 껍질을 가진 것이 특징이다. 색 또한 붉은색이 많이 섞여 있어서 구분하기 쉽다. 육질은 짙은 노란색이며 일반 복숭아처럼 단단한 것부터 부드러운 것까지 다양한데 일반 복숭아와 비교하면 복숭아와 자두의 중간맛으로 맛은 전체적으로 달고 수분은 적다.

2) 재료 구입법

복숭아는 표면에 흠집이 없고 깨끗한 것이 좋고, 붉은색을 띄고 꼭지 안쪽에 푸른색이 없을수록 잘 익은 것이다. 좌우가 대칭으로 크고 모양과 색깔이 고르며, 향이 강하고 잔털이 고루 퍼져 있는 것이 좋다. 씨 주변에 섬유질이 적은 것이 좋다.

백도는 손으로 조금만 세게 만지면 표면이 함몰되는데 육안으로 보기에 표면의 색택이 고르지 못한 것은 수확 후 눌림에 의한 상처를 받은 것이므로 피하는 것이 좋다.

황도는 백도보다 육질이 단단하고 과피색이 짙기 때문에 수확 후 눌림에 의한 상처가 육안으로 확인하기 곤란하므로 과실 선택 시 세심한 주의가 필요하다.

3) 재료 보관법

복숭아는 냉장보관을 하면 저온장애를 받아 과육이 퍼석해지며 거뭇하게 될 수 있으며, 냉장고에 오래보관하면 복숭아가 함유하고 있는 당분 중 과당과 자당이 줄어들게 되어 단맛이 떨어진다. 서늘한 실내에 보관하면서 먹기 몇 시간 전에 씻어 냉장고에 넣었다 바로 먹는 것이 좋다. 복숭아를 상자 째 보관할 때는 참숯을 넣어 보관한다. 물렁한 복숭아의 경우 단단한 복숭아 보다는 보관기간이 그리 길지 못하며, 복숭아를 보관할 때는 신문지나 종이류에 싸서 보관을 하면 오래 두고 먹을 수 있다.

5. 맛있는 조리방법

- 복숭아잼 : 복숭아는 껍질을 벗기고 잘라 믹서기에 갈아서 냄비에 담아 끓인다. 약불로 줄여 조리다가 중간에 설탕을 넣어주고 소금도 조금 넣어 잼 농도가 걸쭉해지면 레몬즙을 넣어 완성한다.
- 복숭아셰이크 : 복숭아는 껍질을 벗긴 뒤 잘라서 믹서기에 얼음과 우유, 꿀, 아이스크림을 넣고 갈아준다.
- 복숭아장아찌 : 단단한 복숭아를 6등분하여 소금에 살짝 절인다. 다시마 우린 물, 진간장, 설탕, 물엿(1:1:1:½)을 끓여 식힌다. 통에 복숭아를 담고 달인 간장을 부어 복숭아가 뜨지 않도록 눌러준다. 5~6회 반복하여 간장을 끓여 식혀서 부어준다. 맛이 들면 양념하여 먹는다.
- 복숭아샐러드 : 과육이 단단한 복숭아의 껍질을 벗겨 먹기 좋게 썬다. 호두, 건포도는 굵게 다지고 셀러리는 어슷 썬다. 볼에 모두 담아 마요네즈, 요구르트 넣어 버무린다. 접시에 적치커리를 깔고 담아낸다.
- 복숭아술 : 조각낸 복숭아 300g에 소주 1.8L를 붓고 한 달간 숙성시켜 여과해서 먹는다.

복숭아장아찌

이것이 궁금해요?

Q 개복숭아가 뭔가요?

A 우리나라 토종 복숭아예요. 먹으면 단맛이 조금 있고 씹으면 오도독 소리가 납니다. 개량된 복숭아가 흔하지 않았던 1970년대 전에 시장에서 많이 팔렸어요. 주로 산속에서 많이 자생하는데 모양이 예쁘지는 않지만 기침완화, 신경안정 등의 약효가 뛰어나 한방 약재로도 많이 쓰입니다.

재미있는 음식이야기

• 복숭아전설

우리 민족에게 다양한 의미를 가지는 복숭아는 첫째, '귀신을 쫓는다'는 의미를 가지고 있는데, 이런 이유에서 복숭아는 다른 과일과는 달리 제사상에 올리지 않고 있다. 둘째, '서왕모와 천도복숭아'라는 전설에서 유래된 장수의 의미인데, 전설에 의하면 중국 곤륜산에는 옥황상제 부인으로 모든 신선을 감독하는 서왕모(西王母 : 서쪽으로 간 왕들의 어머니) 양회(楊回)의 궁궐 정원에 3000년 만에 꽃이 피고 다시 3000년 만에 열매가 열리는 불로장생의 나무가 있는데 이것이 바로 천도복숭아 나무이다. 서왕모는 잘 익은 천도복숭아 30개를 골라 한무제(韓武帝)에게 선물로 주었는데, 그때 심부름하던 재상 동방삭(東方朔)이 3개를 몰래 빼먹었다고 한다. 천도복숭아는 한 개를 먹으면 천 년을 살 수 있다고 했으니 동방삭이 3천 년을 살았던 이유는 여기에 있다. 또한 복숭아의 빛깔에서 유추된 '간사하다'는 의미와 태몽으로는 아들을 상징하기도 한다.

착하고 맛있는 국민건강 간식 옥수수(Corn/ Maize)

1. 역사이야기

옥수수는 벼과에 속하는 1년생 초본식물로 15세기경 콜럼버스의 아메리카 신대륙의 발견과 함께 인디언들이 생식하던 것이 유럽에 전파된 것으로 쌀, 밀 다음으로 많이 생산되는 세계 3대 작물 중 하나이다. 우리나라에는 중국으로부터 전래되었으며, 1700년경 우리나라에 유입된 것으로 추정된다. 1766년『증보산림경제』에는 "옥촉서(玉蜀黍)"라고 기록되어 있는데, 알갱이가 구슬처럼 생겨서 수수를 뜻하는 촉서에 '玉'자를 붙이게 됐다고 한다. 옥수수는 지방에 따라 옥시기, 옥수시, 옥쉬이 등으로 불리고 있으며 강냉이, 깡냉이, 강내이 등 다양한 이름도 있다. 옥수수는 척박한 땅에서도 잘 자라는 강한 식물로 우리나라에서 생산량이 많은 강원도에는 강냉이밥, 강냉이수제비, 강냉이범벅 등과 같이 주식이나 별식으로 이용한 다양한 향토음식이 많다. 옥수수는 궁핍했던 시절에 주식으로 먹었던 작물로 밥을 대신할 수 있었던 중요한 구황식품이었다.

주식으로는 적합하지 않으나 라이신과 트립토판이 풍부한 식품과 섭취하면 부족한 영양을 보충할 수 있으며, 섬유질이 풍부하여 변비 예방에 좋고, 엽산(folate), 칼륨(potassium), 티아민(thiamine)의 우수한 공급원이다.

2. 영양과 효능

옥수수는 수분 64%, 당질 29%, 단백질 5%, 지방 1.2%로 구성되어 있다. 주성분은 탄수화물로 대부분이 녹말이며 그 질이 우수하여 여러 가지 가공식품에 이용되고 있다. 옥수수의 단백질은 제인(zein)으로 라이신(lysine), 트립토판(tryptophan) 함량이 부족한 불완전 단백질이다. 그래서 주식으로는 적합하지 않으나 라이신과 트립토판이 풍부한 식품과 섭취하면 부족한 영양을 보충할 수 있으며, 섬유질이 풍부하여 변비 예방에 좋고, 엽산(folate), 칼륨(potassium), 티아민(thiamine)의 우수한 공급원이다. 특히 옥수수 배아에서는 혈액 중 콜레스테롤을 감소시키는 리놀레산(linoleic acid)의 함량이 많은 옥수수유를 얻을 수 있다. 또 옥수수에는 비타민 B_1의 일종인 티아민(thiamine)이 풍부한데 티아민은 몸속의 신경시스템이 잘 유지되도록 도와주며, 노란색에 들어 있는 루테인(Lutein)과 제아잔틴(zeaxanthin)은 황반(macula)이라 부르는 눈의 아주 민감한 부분을 보호해 안반의 노화에 따른 시력저하와 시각장애를 예방한다.

3. 음식궁합

YES	**우유 또는 유제품 :** 여러 영양소를 고루 갖추고 있어 완전식품에 가까운 우유나 유제품은 아미노산을 비롯해 여러 비타민군을 함유하고 있기 때문에 옥수수에 거의 없는 필수아미노산인 라이신이나 트립토판 등의 영양소를 보충해 주는 역할을 한다. **쇠고기 :** 옥수수에는 식이섬유가 많으나 단백질이 부족하다. 질 좋은 단백질 식품인 쇠고기와 조리 시 영양적으로 우수해진다. **바나나 :** 옥수수에는 당질이 풍부하여 좋은 에너지원이 되며, 바나나의 비타민 C가 신진대사를 촉진하여 더욱 좋다. 이 두 가지를 배합하면 에너지 공급원이 되어 피로를 빨리 회복할 수 있다.
NO	**조개 :** 조개는 쉽게 상하고 스스로 보호하기 위해 독성물질을 만들어내므로 소화가 어려운 식품인데, 옥수수도 섬유질이 많고 소화가 어려우므로 두 음식을 같이 먹으면 소화에 어려움을 준다.

4. 재료이야기

1) 종류

- 마치종 : 종자의 측면이 경질전분으로 중심부와 윗부분이 분상질로 둘러싸여 있다. 생산량이 많아서 사료와 공업용 원료로 쓰인다.
- 경립종 : 종자의 과피가 유리질로 쌓여 있으며 배유는 단단하여 충해를 받지 않아 저장성이 높다. 미숙한 것은 간식용으로 쓰인다.
- 감미종 : 종자가 반투명하고 전분의 일부는 포도당과 자당으로 변하여 단맛이 강하다. 종피가 두꺼워서 가공으로 이용하지 않고 식용으로 쓰인다.
- 열종 : 종자의 외피가 매우 단단하지만 내부는 부드러워 열을 가하면 수분의 압력으로 폭열하므로 팝콘, 과자용으로 쓰인다.

2) 재료 구입법

옥수수 껍질이 노란색을 띠는 것은 오래된 것으로 진녹색을 띠는 것을 고른다. 껍질이 단단하게 붙어 있고 마르지 않은 것, 들었을 때 묵직하고 탄탄한 것을 고른다. 옥수수수염이 갈색이고 많은 것은 옥수수가 꽉 찬 것이며, 옥수수수염이 검지 않고 오글거리면서 촉촉한 것을 고른다.

3) 재료 보관법

옥수수를 보관하면 당분이 전분으로 변하므로, 장기저장 시에는 냉동저장(-20~-40℃)하는 것이 좋다.

옥수수를 겉잎이 붙어 있는 채로 비닐봉지에 담아 김치냉장고에 저장하거나 옥수수를 쪄서 냉동 보관한다. 또는 여러 개를 묶어 햇볕에 건조시켜 매달아 저장한다.

5. 맛있는 조리방법

- 옥수수수염차 : 옥수수수염을 깨끗이 손질하여 그늘에서 말린 후 주전자에 말린 옥수수수염 20g, 결명자 10g, 감국화 5g, 물 600ml를 물이 끓기 시작한 후 불을 줄여 은근하게 오랫동안 끓인다.
- 옥수수수프 : 옥수수를 삶아 알을 뗀 다음 우유와 함께 믹서기에 갈아 냄비에 끓인 뒤 소금과 후추로 간을 한다.
- 옥수수묵 : 옥수수가루와 물을 1 : 6의 비율로 섞어 체에 한번 내린 후 불에 올려 주걱으로 저으면서 끓이다가 주걱으로 떠보았을 때 흘러내리지 않고 주걱에 붙어 있으면 소금으로 간을 하고 틀에 부어 굳힌다.
- 옥수수완자조림 : 옥수수와 닭고기를 곱게 다진 후 달걀, 생강즙, 전분, 소금으로 밑간을 하여 튀김 팬에 수저로 떠서 튀긴다. 청 · 홍고추, 대파, 마늘, 생강을 다져 팬에 기름을 두르고 볶다가 고추장, 토마토케첩, 굴소스, 설탕을 넣은 다음 튀긴 옥수수를 넣고 센 불에서 빨리 섞어준다.
- 옥수수영양밥 : 불린 찹쌀과 멥쌀에 옥수수와 콩, 차조, 밤을 솥에 넣고 육수와 소금을 넣어 밥을 짓다가 뜸이 들기 시작하면 표고버섯과 은행, 잣을 넣는다.

옥수수완자조림

이것이 궁금해요? Q&A

Q 옥수수를 맛있게 삶는 방법을 알려주세요.

A 옥수수를 삶을 때에는 옥수수가 잠길 만큼 물을 붓고 소금과 설탕을 넣어 센 불, 중불, 약불의 세기로 조절하면서 삶는데, 압력솥으로 삶으면 맛이 더 좋아요. 다 익으면 옥수수알이 투명해지는 건 아시죠? 또 옥수수를 삶을 때 옥수수 껍질을 한두 겹 남겨두면 껍질이 옥수수의 영양과 수분이 날아가는 것을 막아주어 더욱 맛있는 옥수수를 맛볼 수 있어요.

재미있는 음식이야기

• 옥수수 중독이 낳은 결과

20세기에 경제 대공황을 거치며 기업화된 미국의 농업 자이언트들은 광활한 중부 대평원에서 무한정 쏟아져 나오는 옥수수를 소비시킬 방법에 골몰하게 된다. 결국 1970년대에 획기적인 발명이 이뤄진다. 바로 High-fructose corn syrup 우리말로 액상과당이라 불리는 물질이다. 옥수수로 만드는 정제된 액체설탕이고 세상에서 가장 싼 당(糖)이다. 한때 약으로도 쓰일 만큼 귀한 물질이었던 설탕이, 미국 한복판에서 대량으로 쏟아져 나온다. 자연히 물보다 싼 콜라, 사이다, 스위티가 식단을 지배하게 된다. 미국인들은 지금도 물 대신 콜라, 사이다, 스위티를 마신다. 그 결과 비만이 급증하고, 의료비용 지출이 치솟는 등의 문제가 생겨나고 있다.

식품재료의 모든 것 9월

화합할 줄 알며 자기 색을 잃지 않는 생강
사립문 닫고 먹는다는 아욱
땅에서 자라는 달걀 토란

화합할 줄 알며 자기 색을 잃지 않는 생강(Ginger)

1. 역사이야기

생강은 생강과 생강목에 속하는 다년생 초본으로 원산지는 인도와 말레이시아 등으로 알려져 있다. 옛날에는 한 근의 생강이 양 한 마리와 같은 높은 가격이었으며, 생강의 원산지인 인도의 전통의학 『아유르베다(Ayurveda)』에서는 생강을 "신이 내린 선물"이라 부르고 이슬람 성전 『코란』에는 생강을 "하늘로부터 받은 성스러운 영혼"이라 표현하기도 했다.

우리나라에서는 『고려사』, 『향약구급방』 등의 기록으로 보아 고려시대 이전에 재배되었음을 알 수 있으며, 『동의보감』에는 "말린 생강은 소화제의 기능을 담당하고 양기를 돋우며 오장육부의 차가운 기운을 제거하는 데 좋다"라고 기록되어 있으며, 『음식디미방』에도 사용법이 남아 있다. 이율곡 선생은 "화합할 줄 알며 자기 색을 잃지 않는 생강이 되어라"라고 생강에 비유하여 가르침을 주셨고, 서양에서도 생강은 수백 년에 걸쳐 향신료 무역에서 빠질 수 없는 매우 중요한 상품으로 왕의 부와 권력의 상징이었고 왕족이나

양념 중 산화방지에 최고의 효과가 있으며, 몸속에서 발생하는 활성산소를 없애고 병을 예방하는 데 효과적이다. 단 지나치게 많이 먹으면 위액이 과도하게 분비되어 위 점막이 손상될 수 있다.

상류계급의 사람들만 쓸 수 있는 귀한 식재료였다. 이러한 생강은 양념재료로 많이 이용하는 뿌리채소이며 특히, 김치를 담글 때 첨가하여 젓갈의 비린내를 없애는 중요한 역할을 한다.

2. 영양과 효능

생강은 수분함량이 80~90%이며, 당질이 12~13%, 섬유질이 약 2g 정도 함유되어 있다. 생강의 매운맛 성분은 진저론(gingerone), 진저롤(gingerol), 쇼가올(shogaol)의 성분이고, 시트랄(citral), 리날로올(linalool)은 생강의 향기성분이다. 쇼가올은 진해작용을 나타내고, 진저롤은 소화액 분비를 촉진하여 식욕증진 효과와 진통작용이 있으며 혈전 예방작용이 있다.

또한 향신성 채소로서 생선의 비린내와 육류의 누린내를 제거하며, 살균작용이 있어 생선회에 곁들이기도 한다. 또한 디아스타아제(diastase)가 함유되어 있다. 육류의 연화에도 쓰이며 양념, 전과, 차 등으로 이용된다.

생강은 양념 중 산화방지에 최고의 효과가 있으며, 몸속에서 발생하는 활성산소를 없애고 병을 예방하는 데 효과적이다. 단 지나치게 많이 먹으면 위액이 과도하게 분비되어 위 점막이 손상될 수 있다. 생강의 섭취를 주의해야 하는 체질이 있는데 치질이나 피부병이 있는 사람과 열이 많은 사람에게는 좋지 않다.

또한 썩은 생강에는 사프롤(safrole)이라는 성분이 있는데 이 성분은 식약처에서 마약류 원료물질로 지정되었으며 독성이 있는데, 생강의 썩은 부위를 도려낸다 해도 생강에 사프롤이라는 성분이 남아 있고, 물에 녹지도 않고 끓여도 없어지지 않으며, 간세포를 파괴해 간암을 일으킬 수 있기 때문에 썩은 생강은 반드시 버려야 한다.

향신성 채소로서 생선의 비린내와 육류의 누린내를 제거하며, 살균작용이 있어 생선회에 곁들이기도 한다. 또한 디아스타아제(diastase)가 함유되어 있다. 육류의 연화에도 쓰이며 양념, 전과, 차 등으로 이용된다.

3. 음식궁합

YES

생선회 : 여름철에 생선을 잘못 먹으면 탈이 나기 쉬운데 이는 번식력이 좋은 대장균과 장염 비브리오균이 아가미와 피부에서 번식하기 쉽기 때문이다. 생선회에 생강 채 친 것을 같이 곁들이면 생강의 진저롤과 쇼가올 성분에 의해 살균되어 식중독을 예방한다.

배 : 배는 성질이 차가워서 많이 먹으면 배가 아플 수 있는데 생강은 몸이 차가워서 배가 아픈 증상이나 곽란(癨亂), 설사를 막아준다. 생강과 배를 배합하면 육류 소화에 도움이 된다. 생강에는 특유의 향이 있어 고기냄새를 없애주고 단백질 분해작용을 한다. 또 배에는 소화효소가 풍부하여 육질을 연하게 하는 역할을 한다.

장어 : 장어는 다양한 영양성분을 함유하고 있어 몸이 허약하거나 영양상태가 좋지 않을 때 원기 회복시키는 식품으로 생강을 함께 먹으면 장운동을 촉진하고 살균과 감기 예방에도 탁월하다.

찹쌀 : 장이 좋지 않아 설사를 일으키는 사람에게 좋다.

4. 재료이야기

1) 종류

- 소(小)생강 : 조생종으로 줄기가 가늘고 수분이 적고 매운맛이 강하다. 겉껍질은 회황색 또는 옅은 황색을 띤다. 모생강, 곡중, 아생강, 금시, 정강4호 등이 있다.
- 중(中)생강 : 중만생종으로 육질은 연하고 매운맛이 강하지 않다. 수량이 많고 겉껍질은 회황색을 띤다. 황생강, 중생강, 토생강, 근강 등이 있다.
- 대(大)생강 : 육질이 유연하고 매운맛이 적다. 저장성이 매우 약하다. 겉껍질은 평활하고 회백색을 띠며 수량이 많은 편이다. 주로 제과 및 마른 생강의 원료로 재배된다.

2) 재료 구입법

육질이 단단하고 크며 황토색을 나타내는 것을 선택하며 모양이 일정하고 발이 굵고 넓으며 껍질이 잘 벗겨지는 것을 고른다. 섬유질이 적으며 연하고 싱싱한 것, 토사 및 부착 및 이물질 혼입이 없는 것으로 건조상태가 좋은 것을 고른다. 고유의 매운맛과 향기가 강한 것과, 한 덩어리에 여러 조각이 붙어 있으며 세 뿔(삼각형 모양)이 선명한 것을 선택한다.

3) 재료 보관법

생강은 습기가 많은 곳에 보관하면 곰팡이가 피고 습기가 적으면 마르기 때문에 2~3일 내에 먹을 것은 다듬어서 비닐이나 젖은 행주에 싸서 냉장고에 넣었다가 꺼내 먹고, 오래 냉장보관할 경우엔 햇빛에 잘 건조시킨 후 신문지에 돌돌 말아 보관한다. 장기간 보관할 경우에는 생강을 다진 후 냉동실에 얼려서 보관하거나, 생강을 편으로 썰어 햇볕에 건조시킨 후 믹서에 갈아서 가루로 만들어 보관한다.

5. 맛있는 조리방법

- 생강식초 : 생강은 씻어서 편으로 썬다. 용기에 생강을 넣고 식초를 붓는다.
- 생강배숙 : 냄비에 편으로 썬 생강 30g과 배 2개를 껍질 벗겨 8등분한 것과 물 13컵을 넣고 끓이다가 꿀과 설탕을 넣고 1시간 정도 은근하게 끓인다.
- 생강소스장어튀김 : 장어를 손질하여 먹기 좋게 썬 후 밑간을 한다. 장어에 밀가루, 달걀물, 빵가루를 입혀 튀겨낸다. 소스(생강, 간장, 통깨, 양파, 설탕, 올리브유, 식초, 마늘)를 믹서에 갈아둔다. 접시에 채소와 장어를 담고 생강소스를 뿌린다.

생강식초

- 생강도넛 : 달걀 2개에 설탕을 나눠 거품기로 젓고 소금, 박력분, 다진 생강을 넣어 반죽한 뒤 위생봉지에 담아 1시간 정도 휴지시킨 후 도넛 반죽을 동그랗게 성형하여 160℃ 튀김기름에 넣어 노릇하게 튀겨낸다.
- 생강청 : 생강은 껍질째 깨끗이 씻어 물기를 거두고 편으로 얇게 썬다. 용기에 생강편과 설탕을 켜켜이 넣고 윗부분에 설탕을 많이 덮어 100일 정도 숙성시킨다.

이것이 궁금해요?

Q 생강, 강황, 울금의 차이가 무엇인지 알려주세요.

A 생강과 강황은 더운 성질을 가졌고 모양과 향이 많이 비슷한 편이지요. 그러나 생강은 분홍빛이 나는 반면 강황은 노란빛이 강하며, 커큐민(curcumin)을 다량 함유한 강황은 카레를 만드는 원료로 많이 알려져 있어요. 생강이 따뜻한 성질을 가진 반면 울금은 찬 성질을 가졌고 생강처럼 생긴 덩이뿌리로 오래전부터 한약재로 많이 이용되고 있습니다.

재미있는 음식이야기

• 여름에 생강을 먹으면 의사를 보지 않아도 된다는 속담

여름에 생강을 먹으면 땀이 나 체온이 떨어지고 정신을 맑게 하고 피로를 풀어주며 복통 등의 증상을 완화해 준다고 해서 전해지는 속담이다. 이 밖에도 생강을 이용한 많은 민간요법들이 발달되어 있는데, 멀미가 심한 경우 생강차나 생강편 등을 먹으면 좋은데 생강은 멀미약 중 하나인 드라마민(dramamin)보다 효과가 더욱 좋다고 한다. 또 생강은 관절염에도 좋은데 생강을 갈아 아픈 부위에 파스를 대신해서 사용하기도 했다.

사립문 닫고 먹는다는 아욱(Curled Mallow)

1. 역사이야기

아욱은 아욱과에 속하는 일년초로 원산지는 북부 온대 및 중앙아시아 열대, 아열대 지방이며 우리나라에서는 오래전부터 재배하여 왔다. 아욱은 중국에서 으뜸가는 채소로 『시경』에 기록되어 있고, 우리나라에는 고려시대의 대표적인 6가지 채소에 포함됐다.

아욱은 국거리로 많이 쓰이나 아욱죽, 아욱쌈으로도 먹었는데, 1700년 조선 중기 유중림의 『증보산림경제』에는 "아욱에 마른 새우를 넣고 장에 끓인다"고 기록되어 있다. "가을 아욱국은 사립문 닫고 먹는다"는 속담이 있을 정도로 가을 아욱은 맛도 좋고 영양가도 높다. 한의학에서는 아욱을 "동규(冬葵)라고 부르며 약용으로는 아욱씨를 쓴다"고 기록하고 있다.

아욱에는 특이한 향이 있어 생즙용으로 적당하고 여름에 마시기 좋은데 아욱의 생즙은 피로회복에 좋고 원기회복을 돕기 때문에 장기간 마시면 몸이 가뿐하고 대소변이 잘 통한다.

2. 영양과 효능

아욱은 다른 채소와 비교할 때 단백질이나 당질, 무기질 등이 높은 편으로, 특히 칼슘의 성분이 시금치보다 2배나 많아 성장기 어린이들에게 좋은 식품이다. 또한 무기질이 풍부하고 모유분비를 촉진하는 기능이 있어 미역국 대신 아욱국을 끓여 먹을 정도로 산모에게도 좋다.

아욱에는 특이한 향이 있어 생즙용으로 적당하고 여름에 마시기 좋은데 아욱의 생즙은 피로회복에 좋고 원기회복을 돕기 때문에 장기간 마시면 몸이 가뿐하고 대소변이 잘 통한다. 아욱은 찬 성질로 갈증을 많이 느끼는 사람과 열이 많아서 생기는 여러 증상에는 좋지만 몸이 차고 소화력이 약하고 설사를 자주 하는 사람은 많이 먹지 않는 것이 좋다.

3. 음식궁합

YES

새우 : 새우의 필수아미노산이 아욱의 부족한 단백질을 보충해 준다. 또 새우에 부족한 비타민 A와 비타민 C가 아욱에 많고, 식이섬유를 아욱이 보완한다.

된장 : 된장에 있는 콩의 필수아미노산이 아욱의 부족한 영양분을 보충해 준다.

NO

설탕 : 아욱에 풍부한 칼슘의 대사를 방해한다.

4. 재료이야기

1) 종류

- 치마아욱 : 잎이 크고 두껍고 줄기가 자줏빛이다.
- 사철아욱 : 잎이 오글오글하다.
- 좀아욱 : 잎이 작고 얇으며 줄기가 가늘다.

2) 재료 구입법

아욱은 잎이 넓고 부드러우며 줄기는 통통한 연둣빛을 고른다. 아욱은 잘 씻지 않으면 점액 같은 것이 나오므로 바락바락 문질러 씻어 사용한다.

3) 재료 보관법

아욱은 마르지 않도록 신문지에 싸서 냉장실에 보관하는 것이 좋으며, 구입량이 많을 경우 살짝 데쳐서 팩에 담아 냉동보관한다.

5. 맛있는 조리방법

- 아욱죽 : 아욱은 껍질을 벗기고 주물러 씻어 잘게 썬다. 솥에 참기름을 두르고 불린 쌀을 볶다가 체에 거른 된장국물과 다진 새우를 넣고 끓인다. 쌀알이 퍼지면 아욱을 넣고 조금 더 끓인다.
- 아욱차 : 아욱의 씨를 팬에 볶아 물 400ml에 볶은 씨 4~6g 정도를 넣고 약한 불로 서서히 달여 먹는다.
- 아욱나물 : 아욱은 줄기의 껍질을 벗기고 소금으로 주물러 씻어 물기를 거둔 뒤 먹기 좋게 썬다.

아욱을 양념(다진 파, 다진 마늘, 간장, 참기름, 깨소금)하여 무친 다음 팬에 볶는다.

- 아욱장아찌 : 어린 아욱의 껍질을 벗기고 소금물에 살짝 절인다. 물기를 거두고 달임장(진간장, 물엿, 설탕)을 끓여 식힌 뒤 아욱 담을 항아리에 붓고 뜨지 않게 눌러준다. 몇 번의 끓여 붓기를 반복한다.
- 아욱국 : 아욱을 치대어 숨을 죽이고 냄비에 멸치육수와 된장, 고추장, 감자를 넣어 국물이 끓으면 아욱과 마른 새우를 넣고 잠시 더 끓이다가 다진 마늘과 대파를 넣는다.

아욱죽

이것이 궁금해요?

Q 아욱은 왜 문질러 치대어 씻어야 하나요?

A 아욱을 치대어 씻는 이유는 아욱의 풋내를 없애고 쓴맛을 제거하고 부드럽게 하기 위해서입니다.

한 손은 아욱 줄기 끝이 위로 가게 해서 잡고 다른 한 손으로 줄기 끝을 아래쪽을 향해 꺾어 잡아당겨 주면 줄기가 꺾인 부분이 얇게 벗겨져요. 줄기 하나하나마다 이렇게 꺾어서 손질해 주면, 줄기가 부드러워집니다.

아욱을 그대로 사용하면 쓴맛이 나기고 억센 아욱의 경우 풋내가 나기 때문에 초록색 즙이 나올 때까지 주물러 치대서 풋내를 빼며 씻는 것이 좋아요.

재미있는 음식이야기

• 옛날 공직자들이 함부로 키우지 않았던 아욱

옛날에 공직자들은 아욱을 함부로 먹지도 키우지도 않았다고 하는데 '발규거직(拔葵去織)'이라는 고사성어가 있다. 이 뜻은 아욱을 뽑아버리고 옷감을 내친다는 뜻으로 청렴한 공직자들을 칭송할 때 쓰는 말이다. 이것은 사마천이 쓴 『사기』 「순리열전」에 나오는 이야기로 공의휴라는 재상이 있었다. 공의휴는 춘추시대 노나라의 재상으로 지금의 국무총리 정도의 재상이라 할 수 있다. 공의휴의 청렴함은 모두가 알 정도로 모든 일에 솔선수범하였으며 그로 인해 모든 관리들의 품행이 깨끗해져 백성들이 칭송하였다. 어느 날 손님이 공의휴에게 생선을 선물하자 "예외적으로 이번만 생선을 받으라 하지만 받으면 또 누군가 보내지 않겠습니까?" 하며 끝내 거절하였다. 이렇게 청렴한 관리였으니 집안 형편이 넉넉할 리가 없었다. 그리하여 반찬이라도 하려고 부인이 집앞 텃밭에 아욱을 심어 놓았는데 그걸 발견한 공의휴는 아욱을 남김없이 뽑아버렸다. 공의휴가 일컫는 말이 "나라의 관리직을 하는 사람이 집에서 농사를 지으면 농민들은 애써 지은 농산물을 어디에 팔아 생계를 이어갈 것인가?"라며 호통을 쳤다고 한다. 여기서 생긴 말이 '발규거직(拔葵去織)'이다.

Memo

땅에서 자라는 달걀 토란(Taro)

1. 역사이야기

토란(土卵)은 땅속의 알이란 뜻으로 우자(芋子), 토련(土蓮), 토지(土芝), 흑토, 땅토란으로 불리며 천남성과에 속하는 여러해살이풀인 덩이줄기로 인도와 중국 남부지방이 원산지로 알려져 있으며 우리나라는『향약구급방』에 기록된 것으로 보아 고려 이전에 전래된 것으로 추정된다.

『신간구황촬요』에서는 "토란을 달여먹으면 양식 같아서 배고프지 아니하다" 하였고,『고사촬요』에서는 "물 가깝고 비옥한 곳에 심었다가 가물면 물을 주고 김을 자주 매어주면 수확을 배가되게 하여 구황식품으로 쓰였다"고 한다.

알밤같이 생긴 토란은 하얀 감자와 비슷하며 예전엔 추석날이나 먹을 수 있는 귀한 명절음식이었다. 또한 덩이줄기뿐만 아니라 토란대도 나물을 해먹거나 말렸다가 육개장 등에 넣고 끓여 먹었다. 또 큰 토란잎은 시골에서 갑자기 비가 올 때 우산 대용으로도 사용하였다.

알칼리성 식품으로 식이섬유가 풍부하여 소화를 돕고 변비 완화작용을 하며 배 속의 열을 내리게 한다.

토란의 녹말은 입자가 작아서 하와이나 태평양의 섬에서는 유아식으로 이용하고 있다.

우리나라에서 과거 식량이 부족했던 때에는 토란을 많이 심었고 뿌리를 저장하였다가 이용하였으나 6·25 이후에는 토란의 잎자루 재배 위주로 바뀌어 줄기인 토란대를 생채로 또는 건조시켜 국거리용으로 이용되었다.

2. 영양과 효능

토란은 수분이 88%이며, 주성분인 당은 포도당, 과당, 서당, 맥아당 등으로 구성되어 있고 전분의 함유량이 많아 주식으로 이용되기도 하였으며, 알칼리성 식품으로 식이섬유가 풍부하여 소화를 돕고 변비 완화작용을 하며 배 속의 열을 내리게 한다. 토란은 수분이 많고 저칼로리를 내는 식품으로, 무기질, 칼륨의 함유량이 많아 몸속의 불필요한 나트륨의 배출을 돕고, 토란에 들어 있는 칼륨은 가열해도 파괴되지 않아 칼륨 섭취효율이 높은 식품이다. 또한 토란은 천연 항산화성분인 멜라토닌(melatonin)을 함유하고 있는데 멜라토닌은 수면유도 역할, 노화방지, 치매 예방, 암 예방에 좋은 성분이다.

그 외에도 토란은 껍질을 벗겼을 때 나오는 끈끈한 점성물질인 갈락탄(galactan)과 뮤신(mucin)이라는 성분이 있어 지방 제거와 혈관질환 예방에 효과가 있는데 갈락탄은 뇌세포를 활성시키는 효능이 있어 성장기 어린이들에게 좋고 꾸준히 섭취하면 건망증을 개선하는 데 효과를 볼 수 있다. 갈락탄은 식초액에 담그거나 1% 소금물에 끓이면 용출되며, 토란의 아린 맛은 호모겐티신산(homogentisic acid)으로 가열하면 제거된다.

토란은 한방에서는 외용약으로 많이 사용했는데 종기, 피부염, 치질, 벌레 물린 데 효과가 있다.

3. 음식궁합

YES

다시마 : 토란의 떫고 아린 맛을 다시마가 제거해 준다. 또 토란의 수산석회는 체내에 쌓여 결석을 만들기 쉬운데, 다시마가 이를 예방해 준다.

밀가루 : 토란을 강판에 갈아 밀가루를 섞어 환부분에 바르면 신경통, 류머티즘(rheumatism), 오십견(다른 원인 없이 만성적으로 어깨관절의 운동범위에 제한이 있는 질환) 등의 통증을 가라앉힐 수 있다.

붕어 : 맛도 좋을 뿐만 아니라 토란에 부족한 단백질, 철분 등을 붕어가 공급해 준다. 소화기능도 돕고 소변도 순조롭게 하며, 빈혈에도 좋은 효과를 얻을 수 있다.

돼지고기 : 토란에 들어 있는 갈락탄은 콜레스테롤을 저하시키는 기능이 있으며 돼지고기의 단백질은 혈관건강에 도움을 준다. 같이 섭취하면 동맥경화 예방에 도움을 준다.

4. 재료이야기

1) 재료 구입법

토란은 둥글둥글한 것을 고르며 푸른색을 띠지 않아야 한다. 껍질을 벗겼을 때 흰색을 띠며 싹이 나오지 않았으며, 잘랐을 때 단단하고 끈기 있는 것을 고른다.

2) 재료 보관법

흙이 묻은 상태로 신문에 싸서 5~8℃의 서늘한 곳에 보관한다.

5. 맛있는 조리방법

- 토란병 : 토란을 찜솥에 쪄서 찹쌀가루와 반죽하고 기름 두른 팬에 지진다.
- 토란전 : 토란의 껍질을 벗겨 도톰하게 썬 뒤 쌀뜨물에 데친 다음 찹쌀가루를 묻혀 지진 후 꿀을 발라 잣가루를 묻힌다.
- 토란들깨탕 : 토란은 껍질을 벗겨 쌀뜨물에 삶는다. 육수로 다시마를 넣어 만들고, 통들깨를 갈아 체에 내린다. 냄비에 육수와 토란을 넣고 끓어오르면 통들깨즙을 넣고 한 번 더 끓여 간을 한다.
- 토란깨무침 : 토란은 껍질째 삶아 껍질을 벗겨 적당하게 썬다. 삶은 토란에 꿀을 살짝 바르고 흰깨와 검은깨, 콩고물을 묻혀 접시에 담는다.
- 토란장아찌 : 토란은 껍질을 벗기고 쌀뜨물에 삶아 하루 정도 꾸덕하게 말린다. 고추장과 물엿을 섞어 토란을 넣고 버무린다.
- 토란국 : 토란은 흐르는 물에 껍질째로 깨끗이 씻은 뒤 옻이 오를 수 있으니 비닐장갑을 끼고 껍질을 벗긴다. 껍질 벗긴 토란은 2~4등분해서 쌀뜨물에 담가두었다가 끓는 물에 소금을 약간 넣고 살짝 데쳐내고 두부는 토란과 크기를 비슷하게 맞춰 썬다. 냄비에 무와 다시마, 소고기를 넣어 육수를 만든다. 무와 다시마는 버리고 소고기는 잘게 찢어 준비한다. 걸러낸 육수를 다시 냄비에 넣고 토란과 두부, 다진 파, 소고기를 넣어 한소끔 더 끓여 완성한다.

토란국

이것이 궁금해요?

Q 토란 손질법을 알려주세요.

A 토란을 요리할 때에는 쌀뜨물에 담가 불필요한 맛성분을 제거하는 것이 바람직하며, 아린 맛이 강하므로 껍질을 벗기고 소금물에 삶아 찬물에 헹구는 것도 좋아요. 토란의 껍질을 벗기고 나면 손이 가려워지는데 이는 토란에 미량의 수산(oxalic acid)과 알칼로이드(alkaloid)가 들어 있어 피부에 닿으면 가려움증을 유발하는 것이므로 장갑을 끼고 껍질을 벗기거나 데쳐서 껍질을 벗기면 좋아요.

재미있는 음식이야기

• 일본의 토란이야기

아주 오랜 옛날 왕을 모시는 우나데라는 이름을 가진 사람이 있었다. 어느 날 우나데는 나카도미라는 마을로 왕의 용무를 보러 갔고, 일을 마친 우나데는 여관에 묵었습니다. 식사를 마치고 한숨을 돌리던 우나데는 꾸벅꾸벅 잠들어버렸습니다. 잠시 뒤, 너무 추워서 눈을 뜬 우나데는 문을 제대로 닫지 않고 잠든 것을 알았고, 눈을 떠 문을 닫으려고 일어섰습니다. 밖은 아직 어둡고 하늘은 동쪽이 조금 밝아졌습니다. '아, 이제 곧 날이 밝겠구나.' 생각하며 문을 닫으려고 하는 찰나 북쪽 하늘에서 날아오는 많은 하얀 새가 보였습니다. 옅은 어둠의 하늘에 마치 하얀 꽃이 바람에 춤을 추는 듯한 모습을 바라보고 있는데 하얀 새들이 소리도 없이 가까이 와서 여관 앞 밭에 연이어 훨훨 내려앉았습니다. 메마른 밭 가득 하얀 새가 내려앉은 것을 보고 우나데는 저절로 감탄하며 '빛이 나듯 멋진 하얀 새들을 이렇게 많이 눈앞에서 본 것은 처음이군.'이라고 생각하며 밖으로 나가 하얀 새들 쪽으로 손을 내밀며 가까이 가자 그 순간 하얀 새들은 연이어 가는 대가리를 날개 밑으로 감추고 동그랗게 변해버렸습니다. 우나데는 놀라서 그 동그란 것을 가지고 왕이 있는 곳으로 돌아갔고 왕은 너무 놀라더니 기뻐했는데 그 동그란 것이 토란이었다고 합니다. 그때부터 나카도미 마을의 밭에서는 훌륭한 토란을 듬뿍 캐게 되었다고 합니다.

식품재료의 모든 것 10월

머리를 좋게 하는 대표 간식 땅콩
영양이 충실한 가을의 보약 밤
다섯 가지 맛을 가진 오미자
알고 먹으면 약이 되는 가을의 선물 은행

머리를 좋게 하는 대표 간식
땅콩(Peanut)

1. 역사이야기

땅콩은 콩과의 한해살이풀이며 두류 중 유일하게 열매가 땅속에서 열리는 종류로 낙화생(落花生)이라고도 하고, 지방과 단백질을 많이 함유한 고열량식품으로 식용으로 직접 이용하거나 식용유, 버터, 마가린 등의 다양한 분야에 이용된다.

남미 브라질이 원산지로 세계 각지로 전해진 것은 아메리카 신대륙 발견 이후이며, 우리나라는 1778년 정조 때 중국으로부터 전해진 것으로 추정되며 호콩(胡豆)이라 부른다. 한자로는 꽃이 지고 그 꼬투리가 땅속을 파고 들어가서 열매를 맺는다 하여 낙화생, 낙화송이라 한다.

땅콩은 호두와 함께 대표적인 견과류이며 중국에서는 화생, 장생과라 해서 깨와 함께 장생 견과류로 귀한 식품으로 취급했으며, 현재 땅콩의 최대 생산지는 미국, 인도, 중국이다.

최근에는 땅콩을 새싹으로 키운 새싹나물이 식품소재로 그 이용도가 증가하고 있다.

땅콩은 불포화지방산 중에서 올리브유에 많은 올레산(oleic acid) 40~50%, 리놀레산 30~40%를 지니고 있어 콜레스테롤 수치를 낮춰 심장병과 동맥경화를 예방하고 두뇌 발달에 좋다.

2. 영양과 효능

땅콩에는 45% 이상의 지질, 35%의 단백질, 탄수화물 20~30%가 함유되어 있다. 당질 함량은 낮으나 필수아미노산인 라이신(lysine)의 함량이 높고 리놀레산(linolic acid)과 아라키돈산(arachidonic acid) 같은 필수지방산이 매우 높은 에너지 식품이다.

젊음의 비타민이라 불리는 비타민 E가 풍부한데, 이 비타민 E는 노화를 방지할 뿐만 아니라 피부 미용에도 효과적이다. 특이한 점은 땅콩이 노화방지에 강력한 효과가 있는 폴리페놀(polyphenol)을 다량 함유하고 있다는 것이다. 폴리페놀은 보통 적색 및 오렌지색 과일과 채소에 풍부하게 들어 있는 것으로 알려진 항산화물질인데 땅콩을 볶아먹으면 항산화물질이 22%가량 더 증가한다. 그리고 무기질 중 인산(phosphoric acid)이 가장 많으며 레시틴의 형태로 들어 있다.

땅콩은 불포화지방산 중에서 올리브유에 많은 올레산(oleic acid) 40~50%, 리놀레산 30~40%를 지니고 있어 콜레스테롤 수치를 낮춰 심장병과 동맥경화를 예방하고 두뇌 발달에 좋다. 뿐만 아니라 땅콩의 풍부한 니아신(niacin)성분은 숙취를 방지하고 혈액순환을 도와주기 때문에 술안주로 훌륭한 식품이라 할 수 있다. 땅콩에는 머리를 좋게 하는 비타민 B와 레시틴, 아미노산이 풍부하여 수험생이나 공부하는 어린이의 간식 및 정신노동을 하는 사람에게 권장되는 식품이다. 그러나 땅콩은 산성식품이므로 알칼리성 식품을 곁들여 먹는 것이 좋으며, 땅콩에 피는 곰팡이인 아플라톡신(aflatoxin)은 발암물질을 만들기 때문에 보관에 주의해야 한다.

최근 여러 매체를 통해 효능이 입증된 땅콩나물은 국내산 햇땅콩을 약 6~7일간 발아시켜 재배한 땅콩새싹을 조리 · 가공해 먹는 것으로 땅콩종자보다 그 효능이 뛰어나 웰빙식품으로 주목받고 있다. 땅콩새싹에는 항암 및 항산화 작용과 노화억제 등의 효과가 있다고 알려진 레스베라트롤(Resveratrol)이 땅콩종자보다 약 90배, 적포도주보다 약 180배 정도 많이 함유되어 있다.

땅콩에는 머리를 좋게 하는 비타민 B와 레시틴, 아미노산이 풍부하여 수험생이나 공부하는 어린이의 간식과 정신노동을 하는 사람에게 권장되는 식품이다.

3. 음식궁합

YES

돼지고기 : 비타민 E에는 혈관벽을 깨끗하게 하는 작용이 있고, 단백질은 혈관을 부드럽게 만들어 같이 섭취하면 동맥경화에 도움이 된다.

식초 : 식초에 땅콩을 담가 10일 정도 후에 먹으면 당뇨, 변비, 피로회복 등에 도움이 된다.

오징어 : 우리가 술안주로 자주 먹는 마른 오징어는 생오징어보다 콜레스테롤 수치가 높은데 아미노산과 불포화지방산이 많은 땅콩이 이것을 보완해 준다.

4. 재료이야기

1) 종류

- 대립종 : 단백질 함량이 높다. 간식용으로 이용되며 서둔땅콩, 영호땅콩이 있다.
- 소립종 : 지방함유율이 높아 기름을 짜거나 과자, 빵 등의 식품가공에 이용되며 울땅콩이 있다.

2) 재료 구입법

껍질 있는 땅콩을 고를 때에는 우선 껍질의 표면상태를 확인해야 한다. 껍질의 부패, 변질, 곰팡이 등이 핀 것은 피해야 한다. 땅콩의 껍질이 튼튼해 보이는 것을 선택한다. 그리고 땅콩을 잡고 눌렀을 때 속이 꽉 차서 알콩과 껍질 사이에 공백이 없는 것을 고른다. 껍질 없는 땅콩을 고를 때는 알콩의 모양이 균일하고 색이 깨끗하며 단단해 보이는 것을 고른다. 알콩의 표피가 매끈하고 윤기가 있는 것을 고르고 햇땅콩인지 확인하고 선택한다.

3) 재료 보관법

땅콩은 오래 보관하면 눅눅해지거나 곰팡이가 생길 확률이 높다. 땅콩은 공기와의 접촉을 최대한 피하도록 밀봉해서 냉장보관한다. 그렇지 않으면 곰팡이인 아플라톡신에 오염될 수 있으므로 보관 시 특별히 유의해야 한다. 아플라톡신(aflatoxin)은 발암물질로 매우 유독하다. 생땅콩은 볶은 땅콩보다 부패되기 쉬우며 공기 중의 습기를 흡수하여 산패하기 쉬우므로 밀봉하여 서늘하고 건조한 곳에 보관한다.

5. 맛있는 조리방법

- 땅콩우엉조림 : 땅콩을 삶아서 물을 따라 버리고 우엉은 껍질을 벗겨 어슷썬 뒤 식초물에 담가 갈변되지 않게 한다. 냄비에 조림장(물 1C, 간장 1/2C, 조청 5T, 설탕 3T, 맛술 3T)과 땅콩, 우엉, 다시마를 넣어 윤기나게 조려지면 참기름과 참깨를 뿌려 완성한다.
- 현미땅콩죽 : 껍질 벗긴 볶은 땅콩을 믹서기에 물을 넣고 곱게 갈아놓는다. 현미찹쌀과 쌀은 불려서 믹서기에 반쯤 갈아 물을 6배가량 넣고 푹 끓이다가 현미와 쌀이 퍼지면 간 땅콩을 넣고 소금으로 간을 한다.
- 땅콩소스 : 땅콩버터를 제외한 준비된 재료(물 100ml, 간장 30ml, 설탕 30g, 식초 30ml)를 잘 섞고 오렌지 1/2개와 레몬 1/2개는 즙을 짜서 넣는다. 땅콩버터 50g을 넣어 부드럽게 개어서 완성한다.
- 땅콩떡 : 생땅콩은 씻은 뒤 삶아 익힌다. 찹쌀가루는 소금을 넣어 체에 내린 다음 생땅콩과 설탕을 섞어 떡틀에 안친다. 김이 오른 찜솥에 올려 20분을 찐다. 식으면 썰어서 접시에 담는다.
- 땅콩버터 : 볶은 땅콩과 꿀, 소금, 포도씨유를 믹서기에 넣고 곱게 갈아준다.
- 굴땅콩조림 : 굴은 연한 소금물에 씻어 불순물을 제거하고 물기를 제거한다. 냄비에 간장, 설탕, 맛술, 물, 소금을 넣고 끓이다가 생땅콩을 넣고 한 번 더 끓인다. 양념장이 끓어오르면 굴을 넣어 약한 불에서 조려 완성한다.

현미땅콩죽

이것이 궁금해요?

Q 땅콩을 좋아하는데 먹으면 살이 찐다고 해서 먹기가 부담스러워요. 어떻게 먹어야 좋은가요?

A 땅콩의 칼로리는 100g당 569kcal가 된다고 하네요. 땅콩 한 주먹이 밥 1공기와 비슷한 에너지로, 많이 먹으면 살이 찌게 됩니다. 하루에 8알 정도가 적당해요. 땅콩은 칼로리가 높은 편이지만 불포화지방산이 많아 다이어트 중일 때 적당량의 땅콩을 지방으로 섭취하면 다이어트에 효과적입니다.

재미있는 음식이야기

• 땅콩의 유래

땅콩은 고구마처럼 땅에서 캐낸다. 땅에서 캔 콩이란 의미에서 땅콩이라 한다. 땅콩을 처음 재배한 것은 지금으로부터 2000년 전, 멕시코나 칠레, 페루에 살던 남미의 인디언들이었을 것으로 추정되며, 이것은 잉카제국의 무덤에서 발견된 땅콩모양의 도자기를 통해 확인할 수 있다. 이 땅콩을 미국에 처음으로 전한 것은 아프리카의 노예들로 신대륙을 발견하기 위해 세계 곳곳을 돌아다니던 스페인의 탐험가들이 땅콩을 유럽과 아프리카에 전하자, 아프리카의 노예 상인들은 흑인들을 팔기 전에 땅콩을 먹여 살을 찌웠다고 한다. 땅콩에는 단백질과 불포화지방산이 많이 들어 있어 노예들을 금방 살찌게 할 수 있었기 때문이다. 이 노예들이 미국으로 팔려오면서 땅콩도 미국에 함께 전해진 것이다. 하지만 미국 사람들은 처음에는 땅콩을 먹지 않았다. 특히 노예를 많이 부렸던 남부지역의 사람들은 땅콩을 노예나 가난한 사람들만 먹는 것으로 여겨 입에도 대지 않았다. 반면에 북부지역 사람들은 노예가 거의 없었기 때문에 땅콩에 대해서도 알지 못했다고 한다. 그러다가 남북전쟁 이후 땅콩은 자연스럽게 많은 사람들이 즐겨 먹는 식품이 되었다.

영양이 충실한 가을의 보약
밤(Chestnut)

1. 역사이야기

밤은 너도밤나무과 밤속의 과수이며 율자(栗子)라고도 한다. 아시아, 유럽, 북아메리카 등이 원산지이다. 일반 과실류에 비해 수분함량이 낮고 전분함량이 높은 과실로 주로 식용되거나 약용으로 많이 쓰이기도 하며, 가공식품으로 많이 이용하고 있다.

밤의 종류는 단핵, 대보, 옥광, 축파, 석추, 은기 등 18종류가 있으며, 숙기별로는 중생종, 만생종, 조생종으로 분류한다. 밤의 품질은 유전적인 특성과 나무의 영양상태, 재배환경조건에 따라 차이가 있다.

우리나라는 예로부터 좋은 밤의 세계적 산지로 알려져 있어 진나라 때의 『삼국지』「위지동이전 마한조」에 "마한에서 굵기가 배만한 밤이 난다"고 기록되어 있으며 『후한서』에도 우리나라 밤에 대한 기록이 있다.

비타민 A, C, E 등과 무기질, 칼륨(K), 칼슘(Ca), 철(Fe) 등이 풍부하다. 특히 생밤에는 비타민 C가 견과일 중에서 가장 많이 들어 있고 과일과도 맞먹을 만큼 충분해 피로회복과 피부미용, 감기 예방에 효과적이다.

우리나라의 밤은 서양밤에 비해 육질이 좋고 단맛이 강해서 우수한 품종으로 꼽힌다. 밤은 관혼상제 때 필수적인 과실이며 다산, 자손번영, 장수와 부귀를 상징한다. 또한 밤은 의리와 지조의 상징으로 제례를 지낼 때 신주는 반드시 밤나무로 만들어 자신의 근본 즉 조상을 잊지 않는 나무로 인식되었다. 『조선왕조실록』에는 공주와 논산의 토질이 밤나무에 적합하다고 했다.

2. 영양과 효능

밤은 수분이 60%, 전분은 30%이며, 지방과 단백질은 거의 없다. 그렇기 때문에 쉽게 건조되고 얼게 되면 쉽게 변질 부패된다. 밤은 소화가 잘되는 탄수화물이 풍부하게 들어 있어 주식으로 이용 가능하며 근력을 키우고 근육 생성에 좋은 식품으로 이유식을 시작하는 유아나 성장기 어린이, 근육을 많이 쓰는 사람에게 좋다. 또한 비타민 A, C, E 등과 무기질 중에 칼륨(K), 칼슘(Ca), 철(Fe) 등이 풍부하다. 특히 생밤에는 비타민 C가 건피과일 중에서 가장 많이 들어 있고 과일과도 맞먹을 만큼 충분해 피로회복과 피부미용, 감기 예방에 효과적이다.

또 밤에는 쌀의 4배나 되는 비타민 B_1이 들어 있는데 비타민 B_1(thiamine)은 신경자극물질인 아세틸콜린(acetylcholine)을 만들어 작업수행능력과 기억력을 호전시킨다. 신경질적인 사람일수록 비타민 B_1이 많이 필요하다. 밤의 노란색은 카로티노이드(carotinoid)성분으로 이는 활성산소를 제거하여 노화를 방지한다.

한방에서는 "밤은 맛이 달고 성질이 따뜻하며 독이 없다" 하였고, 『동의보감』에도 "밤은 기운을 돋우고 위장을 강하게 하며 정력을 보하고 사람의 식량이 된다"고 기록하고 있다. 또한 밤은 '양위건비(養胃健脾)'라 하여 위장과 비장의 기능을 좋게 해 소화기능을 촉진시키며, 속을 편하게 하고 설사나 출혈을 멎게 하며 하체를 튼튼하게 하는 효과가 있다고 하였다. 그러나 변비가 있거나 몸에 열이 많은 사람은 한꺼번에 많이 먹으면 안 된다.

3. 음식궁합

YES

돼지콩팥 : 과로나 만성피로 등으로 인한 식은땀, 요통 등의 증상에 좋다.

은행 : 떨어진 기력을 보충하는 데 좋다.

닭고기 : 닭고기에 있는 비타민 B_1은 피로회복에 좋고 밤의 비타민 C가 스트레스에 좋다.

4. 재료이야기

1) 종류

- 일반밤 - 큰 특징이 없으며 밤 엉덩이 쪽이 크다. 삼조생의 경우는 밤꼭지가 길게 쪽 빠져 있다.
- 옥광밤 - 빤질빤질하며 밤 엉덩이가 작다. 겉껍질과 속껍질이 아주 얇으며 속이 아주 단단하다.
- 신이평 - 밤 꼭지부분이 하얗게 생겼으며 크기가 조금 작은 편이다.

2) 재료 구입법

밤은 주름이 없고 전체적으로 모양이 둥글고, 껍질에 윤이 나고, 검은색과 갈색의 중간 정도의 짙은 색이며 껍질을 까기도 좋고 속이 단단한 것이 맛있는 밤이다. 알이 굵고 벌레 먹지 않고, 갈라지지 않고 쪽밤이 없는 것, 들어보았을 때 무거운 것, 크기가 균일한 것을 고른다. 둥근 밤은 가시송이 안에 하나가 들어 있어 알밤이라 한다. 각이 져 있거나 납작한 밤은 송이 하나에 3~4개가 들어 있어 쪽밤이라 하는데, 알밤이 쪽밤에 비해 훨씬 속이 단단하며 단맛이 강하다.

3) 재료 보관법

밤은 쉽게 건조되고 일단 건조되면 쉽게 썩는다. 또한 지방과 단백질이 거의 없어 얼면 변질되며, 10℃ 이상의 온도에서는 습기가 적당하면 쉽게 싹이 난다.

그래서 밤은 0~2℃의 온도에 저장하는 것이 좋으며, 습도는 80%가 적당하다. 밤이 많을 경우에는 하루 정도 물에 담갔다가 김치냉장고에 보관한다. 겉껍질을 벗긴 밤은 바로 조리하거나 먹어야 한다. 또는 밤을 말려 황률로 만들어 보관하거나 통조림 혹은 병조림하여 보관한다.

5. 맛있는 조리방법

- 밤퐁뒤 : 삶은 밤을 체에 내린다. 새우는 데쳐서 껍질을 벗기고, 브로콜리, 파프리카는 손질하여 먹기 좋게 썰어서 꽂이에 꽂는다. 냄비에 버터를 두르고 마늘과 밀가루를 볶은 후 백포도주, 우유, 으깬 밤, 치즈를 넣고 약한 불에서 끓여 치즈가 녹으면 준비한 꽂이로 찍어 먹는다.
- 밤냉채 : 밤, 사과, 배는 일정하게 채를 썬다. 오이, 당근, 무는 길이로 길고 얇게 썰어 소금물에 살짝 절여 물기를 짠 후 채 썬 재료를 올려 돌돌 말아 겨자즙 소스를 곁들인다.
- 밤양갱 : 준비된 밤은 삶아 반은 썰고 반은 으깨서 삶은 호박과 섞는다. 한천은 설탕과 함께 조리다가 으깬 밤과 호박을 넣고 끈기나게 조리면서 윤이 나면 채 썬 밤을 넣고 틀에 물을 바른 다음 넣어 굳힌다. 굳으면 적당한 크기로 썰어 그릇에 담는다.
- 율란 : 밤을 삶아 속을 파내 체에 내린다. 밤고물에 계핏가루, 소금, 꿀을 넣고 잘 뭉쳐 한 덩어리로 만든 후 조금씩 떼어 밤톨모양으로 빚어서 끝에 잣가루나 계핏가루를 묻힌다.
- 밤단자 : 밤은 삶아서 반은 귤병을 넣어 소를 만들고 반은 고물을 준비한다. 찹쌀가루는 찐 다음 꽈리가 일도록 쳐서 조금씩 떼어 밤소를 넣고 꿀을 발라 밤 고물을 묻힌다.
- 밤밥 : 쌀은 불리고 밤은 껍질을 벗겨 2~4등분하여 색이

율란

변하지 않게 물 또는 쌀뜨물에 담가둔다. 쌀이 불으면 냄비에 밤과 함께 넣어 안치고 약간의 소금을 넣어 간을 한다. 뜸이 들어 완성되면 밤이 고루 섞이도록 주걱으로 가볍게 섞은 뒤 그릇에 담아낸다.

이것이 궁금해요? Q&A

Q 밤 껍질 쉽게 벗기는 방법을 알려주세요.

A 찐 밤은 찌자마자 뜨거울 때 찬물 속에 담그면 속껍질이 쉽게 벗겨져요. 생밤은 밤 위의 뾰족한 부분과 아래 엉덩이 부분을 먼저 잘라주고, 다음 양옆을 칼로 잘라주면 돼요. 그러면 나머지 겉껍질 옆면들은 쉽게 벗겨지고, 찬물에 담가 속껍질을 벗겨주면 까기가 편해요.

재미있는 음식이야기

• 군밤타령이 군밤이야기가 아니다?

우리나라에 군밤타령이 있는데 이는 경기민요 가운데 볶는 타령 장단에 맞추어 부르는 노래이다. 군밤타령이라는 곡명은 제창부분에서 따온 것으로 메기는 소리인 독창의 가사 내용은 군밤과는 상관이 없고, 자연이나 풍광을 노래하고 있다. 빠른 장단과 당김음의 사용으로 곡의 분위기가 매우 경쾌하다. 노랫말은 다음과 같다.

· 바람이 분다 바람이 불어 연평(延平) 바다에 어허어얼싸 돈바람이 분다
(후렴) 얼싸 좋네 – 아 좋네 군밤이요 – 에헤라 생률(生栗) 밤이로구나

· 달도 밝다 달도 밝아 우주강산(宇宙江山)에 어허어얼싸 저 달이 밝아
· 눈이 온다 눈이 온다 이 산 저 산에 어허어얼싸 흰 눈이 온다
· 개가 짖네 개가 짖네 눈치 없이도 어허어얼싸 함부로 짖네
· 봄이 왔네 봄이 왔네 금수강산에 어허어얼싸 새봄이 왔네
· 중아 중아 상좌 중아 네 절 인심이 어허어얼싸 얼마나 좋냐
· 산도 설고 물도 선데 누굴 바라고 어허어얼싸 나 여기 왔나
· 나는 총각 너는 처녀 처녀와 총각이 잘 놀아난다 잘 놀아나요
· 나는 올빼미 너는 뻐꾸기 올빼미와 뻐꾸기가 잘 놀아난다 잘 놀아나요

군밤타령(국악정보, 국립국악원, 2010. 7.)

다섯 가지 맛을 가진 오미자(Omija Berries)

1. 역사이야기

오미자는 낙엽 활엽 덩굴식물이며 열매는 거의 둥글고 포도송이처럼 달린다. 전국 산기슭 특히 돌이 많은 비탈진 곳에서 서식하며 한국과 일본, 중국, 러시아 동북부에 분포되어 있다. 쓴맛, 신맛, 단맛, 짠맛, 매운맛 등 다섯 가지 맛을 가졌다고 해서 오미자(五味子)라고 한다. 빨갛게 익은 열매를 가을에 채취하여 시루에 찐 뒤 햇볕에 말려서 사용하며 말린 열매를 물에 담가 붉은 물을 우려낸 뒤 화채 국물로 쓰거나 차를 끓여 마신다. 오미자는 음료로 각광받고 있으며 다섯 가지의 맛이 각각의 장기마다 좋은 영향을 미친다 하여 한방에서는 강장제로 쓰이고 있으며 중국 한의학에서는 반드시 필요한 50가지 생약 중 하나로 여겨진다.

조선시대 한라산 흑오미자는 진상품의 하나로 그 품질이 우수하기로 정평이 나 있었으며, 청암 김상헌의 『남사록』에 "무르익은 산포도 같고 맛을 분간할 수 없는데 단맛이 짙다." 하였고, 『성종실록』에 제주목사 이형상은 "본도의

오미자는 따뜻한 성질을 가지고 있기 때문에 몸에 열이 많은 사람이 먹으면 고열로 쓰러질 수 있다. 또한 감기로 인해 열이 많을 때 오미자를 섭취하면 오히려 큰 부작용을 일으킬 수 있으니 주의해야 한다.

오미자(五味子)는 세상에서 뛰어난 맛이 있어 진헌(進獻)하기를 청한다"고 하는 기록이 남아 있다.

2. 영양과 효능

오미자의 과육은 사과산(malic acid)과 같은 유기산(organic acid) 때문에 신맛이 강하며 피로회복에 좋다. 오미자의 다섯 가지 맛은 각각의 장기에 대하여 생리적으로 깊은 관계를 가지고 있으며 잘 조화를 이룬다.

옛날 조상들은 여름철에 땀을 많이 흘리거나 식욕이 없을 때 오미자를 약으로 사용해 왔으며 오미자는 음료로써 수분의 섭취를 도와주고 부족하기 쉬운 미량의 영양소를 충족시킬 수 있다.

총명탕(聰明湯)에 오미자가 들어가는 것처럼 머리를 맑게 해주는 음료이며 오미자의 신맛은 간장을 보호하며 기능을 좋게 한다. 오미자는 성질이 따뜻해 폐기능을 보호해 주기 때문에 기침, 가래, 만성기관지염 등에 효과적이다. 오미자에는 식물성 에스트로겐인 리그난(lignan)류의 화합물이 함유되어 있고 활성을 나타내는데 리그난은 간 상해를 예방하고, 간의 재활을 촉진하며, 간암 발생을 억제시키는 등의 효과가 있다.

오미자는 따뜻한 성질을 가지고 있기 때문에 몸에 열이 많은 사람이 먹으면 고열로 쓰러질 수 있다. 또한 감기로 인해 열이 많을 때 오미자를 섭취하면 오히려 큰 부작용을 일으킬 수 있으니 주의해야 한다.

『동의보감』에서는 "오미자는 폐와 신장을 보하고 허로(虛勞-괜스레 피곤함), 구갈(口渴-목마름), 번열(煩熱-후끈함)을 고친다"라고 적혀 있다.

오미자를 먹으면서 몸의 상태도 체크할 수 있다고 한다. 단맛이 강하게 느껴지면 소화가 잘 안 될 때이고, 매운맛이 잘 느껴지면 몸이 비만하고 습담(濕痰)이 많은 때이고, 신맛이 잘 느껴지면 몸이 피곤할 때이고, 쓴맛이 잘 느껴지면 스트레스와 간장에 화가 많을 때이고, 짠맛이 많이 느껴지면 소변을 잘 못 보거나 몸이 부을 때라고 한다.

3. 음식궁합

YES	**감초 :** 오미자와 감초를 달여 마시면 기침이 완화된다. **맥문동, 인삼 :** 여름의 음청류 중 하나로 생맥산이란 음청류가 있는데 이는 땀을 지나치게 흘려 나른할 때 원기회복을 도와주는 음청류이다. **토사자(菟絲子) :** 유정이나 몽정 등에 도움을 주고 성기능을 높이며 정액을 보충한다. **배 :** 오미자화채에 배를 띄워 먹으면 가슴속 번열을 가라앉히는 데 효과적이다. **앵두 :** 오미자차를 마실 때 앵두를 곁들여 먹으면 상큼하면서 달콤한 맛이 배가될 뿐 아니라 피로회복 효과 또한 높아진다고 한다. **인삼 :** 오미자와 인삼을 함께 섭취하면 면역력이 높아져 감기 예방에 도움이 되며 두 식재료 모두 고혈압에 효과가 있고 뇌졸중에도 좋다.
NO	**둥굴레-** 서로의 효능이 떨어져 약효가 떨어진다.

4. 재료이야기

1) 종류

- 흑오미자 : 제주도에서 많이 자란다. 과실이 검게 익으며 종자 표면에 사마귀 모양의 돌기가 있다.
- 남오미자 : 남부 섬지방에서 많이 자란다. 20여 개가 한꺼번에 뭉쳐서 달린다. 불규칙한 구형이고 비교적 작으며 대부분 말라 오므라져 있고 지름은 0.2~0.5cm이다. 바깥 면은 적갈색 또는 어두운 갈색이고 쭈글쭈글하며 과육은 보통 씨 위에 찰싹 달라붙어 있다. 씨는 콩팥모양이고 오미자에 비하여 약간 작으며 바깥 면은 황갈색이고 대개 과립상이다. 화중오미자(華中五味子)라고도 한다.
- 북오미자 : 태백산 일대에서 많이 자란다. 열매는 여러 개가 이삭모양으로 모여 달리고 길게 늘어진다.

2) 재료 구입법

오미자가 크고 독특한 냄새가 나며 신맛이 강한 것이 좋다. 살이 많고 진이 나오며 흰 가루가 묻어 있지 않은 것이 좋다. 중국산이나 일본산보다 한국산이 약용으로 좋다. 국산과 혼입되어 있는 경우에는 전문가들도 구별이 쉽지 않다. 일반적으로는 국산의 과육이 더 풍부하여 크기가 약간 큰 편이라고 하며 붉은색이 조금 선명하다.

3) 재료 보관법

오미자는 냉동실에 보관한다. 오미자는 말려도 속까지 완전히 건조되지 않는 경우가 있어 쉽게 부패할 수 있기 때문이다.

5. 맛있는 조리방법

- 오미자순나물무침 : 오미자의 어린순을 끓는 물에 살짝 데쳐 찬물에 헹구어 2~3시간 정도 물에 담가 쓴맛을 우려낸 후 물기를 짜고 양념(고추장, 고춧가루, 참기름, 깨소금, 매실액)을 넣고 고루 무친다.
- 오미자탕수 : 돼지고기는 적당한 크기로 썰어 밑간하여 튀겨낸다. 오이, 당근, 양파는 크게 어슷썰고 목이버섯은 불려 채소와 같게 썬다. 팬에 파기름을 두르고 채소를 볶다가 오미자물과 간장, 설탕을 넣고 끓이다가 물녹말을 넣어 걸쭉하게 한 후 마지막에 식초를 넣고 소스를 만든다. 튀겨낸 고기에 오미자소스를 붓는다.
- 오미자딸기화채 : 오미자는 찬물에 씻은 다음 물을 넣고 하루 정도 우려낸다. 오미자 우린 물에 설탕시럽을 넣고 썬 딸기와 꿀을 섞는다.
- 오미갈수 : 오미자 2/3C을 깨끗이 씻어 끓여서 식힌 물에 3컵에 담가 하룻밤 두었다가 체에 걸러 녹두 간 물(물 1 : 녹두 1)에 꿀을 넣고 약한 불에서 30번 정도 달여 찻잔에 담근 뒤 물을 넣고 타서 마신다.

- 오미자술 : 오미자 600g을 흐르는 물에 씻어 물기를 닦아내고 소독된 밀폐용기에 오미자와 소주 3.6L, 적당량의 꿀을 넣고 3개월 정도 숙성시킨다. 술이 익으면 오미자를 체에 걸러 술만 다른 병에 담아 숙성시킨다.
- 오미자민트에이드 : 얼음을 컵에 넣어 컵을 미리 차갑게 해둔다. 그 컵에 오미자청을 담고 애플민트잎을 그 위에 뿌린다. 그 위에 차가운 탄산수를 붓고 잘 섞는다.
- 오미자레몬티 : 레몬을 얇게 슬라이스한다. 레몬, 오미자, 설탕을 넣고 고루 버무린다. 유리병에 넣고 실온에서 하루 보관 후 냉장고에 넣어 열흘 정도 숙성시킨다.

오미자술

이것이 궁금해요?

Q&A

Q 오미자를 꼭 찬물에 우려야 하나요?

A 오미자를 우릴 때 뜨거운 물을 부어서 우리면 신맛과 떫은맛이 강해지기 때문에 냉수로 우려내는 것이 좋아요. 여름에는 12시간 정도 우려내고 겨울에는 24시간 정도 우려내는 것이 좋습니다. 냉장고에서 우려도 상관은 없지만 겨울처럼 우려내는 시간을 길게 해주는 것이 좋아요.

재미있는 음식이야기

• 오미자 과육만큼 씨앗도 영양성분이 up

오미자의 껍질, 과육, 씨앗을 분리하여 성분함량을 비교하였는데 오미자 성분 중에는 리그난(lignan) 계열의 시잔드린(schizandrin)과 시잔드린 C, 고미신(gomisin) A, 고미신 N성분과 항산화효능이 있다. 이 항산화물질은 과피·과육에 20%, 씨앗에 80%나 포함되어 있다는 것이 실험결과를 통해 확인되었다. 이 오미자 씨앗은 그냥 먹으면 소화흡수가 어렵기 때문에 알코올에 추출해서 먹는 것이 씨앗의 유효성분을 가장 많이 섭취할 수 있는 방법이다. 연구결과 이는 설탕절임보다 오미자성분을 210배 더 섭취할 수 있는 것으로 밝혀졌다.

알고 먹으면 약이 되는 가을의 선물
은행(Ginkgo Nut)

1. 역사이야기

은행은 은행나무과의 낙엽교목으로 중국이 원산지이며 우리나라와 일본 등에 분포되어 있다. 은행은 열매가 맺기까지 수십 년이 걸리기 때문에 할아버지 때 심은 나무의 열매를 손자가 먹게 되어 이름을 공손수(公孫樹)라 하였다. 우리나라의 경우 경기도 양평군에 위치한 용문사 앞의 은행나무가 가장 나이가 많다고 하는데 1,100살이 넘는다. 중국의 공자가 은행나무 아래서 제자를 가르친 정신이 상징되어 조선시대에는 서원, 성균관, 향교 등 유학자가 거주하는 공간에는 거의 은행나무가 있다.

은행나무는 여러 가지 이점이 있어 정자목, 풍치수로써 가로수로 많이 심었고 한약재로는 '백과'라 하여 천식, 기침의 약재로 쓰였으며 요리와 영양제의 재료로도 쓰이고 있다.

은행의 고유한 풍미는 청산배당체에 의한 것인데 청산(prussic acid)은 맹독성물질로 많이 먹으면 위험하지만 은행을 가열하면 독성이 줄어든다.

2. 영양과 효능

은행은 탄수화물의 함량이 많으며 대부분이 전분(68%)이다. 단백질과 지질의 함유량은 많지 않으나 무기질 중 칼륨(K)과 비타민 A 및 비타민 C가 풍부하다. 또한 신경조직의 성분을 이루는 인지질인 레시틴(lecithin)과 비타민 D의 모체가 되는 에르고스테롤(ergosterol)이 들어 있는데 이 성분은 성욕감퇴나 신경쇠약, 전신피로 등을 개선해 주는 효과가 있다.

은행의 고유한 풍미는 청산배당체에 의한 것인데 청산(prussic acid)은 맹독성물질로 많이 먹으면 위험하지만 은행을 가열하면 독성이 줄어든다. 이 성분이 몸에 많이 쌓이면 몸에 열이 나고, 토하며, 호흡에 어려움을 겪게 된다. 물론 많이 먹었을 경우이다. 하루에 어린이는 3알, 어른은 10알 미만이 적당하다.

은행잎에 함유되어 있는 징코플라본글리코시드(ginkgoflavonglycoside)는 혈압강하, 혈액순환 개선 및 신경재생에 효과가 있으며 은행열매는 한방에서 결핵치료약으로 쓰인다.

은행은 비타민 B_1과 비타민 E가 풍부해 남성에게도 좋다고 알려져 있는데 실제로 은행은 남성의 조루증, 몽정, 여성의 불감증을 치료하는 한방약으로 쓰이고 있다. 중국에서는 천식과 동상을 치료하는 데 은행을 오랫동안 사용해 왔으나 최근 서양에서는 은행이 노인성치매(알츠하이머) 치료의 기대주로 떠오르고 있다. 은행추출물이 기억력, 인지능력, 사회적응력을 높인다는 것이다.

은행잎에 함유되어 있는 징코플라본글리코시드(ginkgoflavonglycoside)는 혈압강하, 혈액순환 개선 및 신경재생에 효과가 있으며 은행열매는 한방에서 결핵치료약으로 쓰인다.

3. 음식궁합

YES	**청주 :** 은행에는 당질이 풍부하며 레시틴, 에스고스테롤(비타민 D)이 함유되어 있는데 안주로 곁들이면 청주의 맛을 돋워주면서 술독을 푸는 데 효과가 있다. **밥 :** 밥에 들어 있는 녹말이 에너지가 되기 위해서는 비타민 B_1이 필요하다. 은행에 비타민 B_1이 많으므로 같이 섭취하면 좋다.
NO	**장어 :** 은행과 같이 섭취할 경우 풍이 올 수 있으므로 같이 먹는 것을 피하는 것이 좋다.

4. 재료이야기

1) 재료 구입법

알이 고르고 깨끗해야 한다. 낟알이 짧고 둥글며 테두리가 선명한 것을 고른다. 수입산과 국산을 비교하면 국산은 수입산보다 알은 약간 작지만 맛이나 향은 강하다.

2) 재료 보관법

딱딱한 껍질이 있는 경우 양파망에 넣어서 습기가 생기지 않게 그늘에서 보관하면 된다. 상온에서는 2개월 정도가 좋다. 그 이상의 시간이 되면 알맹이가 마른다. 마르면 물에 하루 정도 담가 통통해지면 물기를 거두고 냉동보관한다. 냉장보관 시 습도가 높을 경우 곰팡이가 생기므로 냉동보관이 좋다.

5. 맛있는 조리방법

- 은행단자 : 껍질 벗긴 은행은 믹서기에 갈아서 찹쌀가루와 반죽한다. 김이 오른 찜솥에 반죽을 평평하게 펴서 충분히 익힌다. 찐 떡을 오래 친 다음 조금씩 떼어 단자 모양을 만들어 다진 잣가루를 묻힌다.
- 은행버섯밥 : 쌀을 씻어 불린 다음 버섯과 껍질 벗긴 은행을 솥에 넣고 밥을 짓는다.
- 은행견과류죽 : 찹쌀을 씻어 불린 다음 껍질 벗긴 은행과 아몬드를 믹서기에 넣고 곱게 갈아 냄비에 넣어 중간불에서 저어가며 끓이다가 약불로 뜸을 들여 완성한다.
- 은행호두조림: 껍질 벗긴 은행과 호두를 조림장(진간장, 집간장, 설탕, 조청)과 함께 냄비에 담아 윤기가 나도록 조리다가 마지막에 참기름을 끼얹는다.

은행호두조림

이것이 궁금해요? Q&A

Q 은행 손질법을 알려주세요.

A 물에 은행열매를 어느 정도 불려둔 다음, 고무장갑을 끼고 조심히 문질러 손질하면 좋아요. 은행열매에 독성과 냄새가 독하기 때문에 옷이나 피부에 닿지 않게 하는 것이 좋아요. 열매를 문지르고 씻어내는 과정을 계속 반복하다 보면 은행열매 알맹이만 남게 되는데 이 은행열매를 그늘에 바짝 말려서 딱딱한 껍질은 두들겨서 까주고 안에 먹을 수 있는 은행 속껍질은 기름 두른 달군 팬에 열매가 연두색으로 변할 때까지 살살 굴려주며 익힌 후 종이타월에 올려 살살 문질러주면 속껍질이 잘 까집니다.

재미있는 음식이야기

• 충남 태안 흥주사의 은행나무의 전설

충남 태안 흥주사의 은행나무는 전설을 가지고 있는데, 옛날 어느 사람이 이 나무를 자르려고 톱을 대었을 때 톱자리에서 피가 쏟아지고 맑던 하늘이 흐려지면서 천둥이 일어났기 때문에 자르기를 중지했다고 하며, 또한 나라에 큰 변이 있을 때 소리를 내었다고 하는데 고종이 승하하였을 때에는 커다란 가지가 1개 부러졌고 8·15해방과 6·25전쟁 때에도 이 나무에서 이상한 소리가 났다고 한다. 부처가 머무르기 좋은 곳이라고 산신령이 가리킨 곳을 표시하기 위해 스님이 꽂아둔 지팡이가 자라났다는 전설을 간직하고 서 있는 충남 태안 흥주사의 은행나무는 이런 기운 때문에 예부터 아이를 낳지 못하는 아낙네들이 자주 찾는 사찰로 입구의 큰 은행나무에 기도를 드리면 아이를 낳을 수 있다는 이야기가 전해오고 있다. 또 이 은행나무는 신라의 마지막왕인 경순왕(敬順王)이 그의 스승인 대경대사를 찾아와서 심은 것이란 이야기도 있고 그의 세자 마의태자(麻衣太子)가 나라 잃은 설움을 안고 금강산으로 가던 도중에 심은 것이라고도 하고, 신라의 고승(高僧) 의상대사(義湘大師)가 짚고 다니던 지팡이를 꽂아 놓은 것이 뿌리가 내려 이처럼 성장한 것이라는 이야기도 전해온다. 흥주사의 은행나무는 전란으로 사찰이 여러 번 피해를 입었지만 특히 정미의병이 일어났을 때 일본군이 의병의 본거지라 하여 사찰을 불태웠으나 이 은행나무만은 불타지 않고 살아남았다고 해서 천왕목(天王木)이라고도 불렸고, 조선 세종(世宗) 때에는 정3품(正三品)의 벼슬인 당상직첩(當上職牒)을 하사(下賜)받기도 한 명목(名木)이다.

Memo

식품재료의 모든 것 11월

맑은 탕으로 으뜸인 대구
한국인에게 가장 친숙한 채소 배추
맛을 돋우는 식탁의 감초 파
밭에서 나는 천연 소화제 무
바다의 영양을 가득 담은 새우

맑은 탕으로 으뜸인 대구(Cod)

1. 역사이야기

대구는 대구과에 속하는 한대성 심어해로 우리나라 일본, 오츠크해, 베링해 등에 분포하며, 수심 150~200m 전후에서 서식하고 몸길이가 60~100cm로 명태보다 대형이고 대가리는 크고 아래턱은 위턱보다 짧다. 등은 갈색 또는 회갈색이고 배는 희며 등이나 배에 많은 갈색 반문(班紋)이 산재하여 있다. 대구나 명태는 모두 겨울에 제맛이 나는데, 명태의 맛이 대구보다는 좀 떨어진다. "눈 본 대구 비 본 청어"라고 해서 눈 내리는 겨울엔 대구가, 비 내리는 봄엔 청어가 많이 잡힌다는 속담이다. 대구는 12월부터 이듬해 2월이 산란기로 제철이다.

대구는 입이 크다 해서 붙은 이름으로 명태, 조기, 갈치와 더불어 대표적인 흰 살 생선이며 비린 맛을 싫어하는 사람들은 대구를 선호한다. 대구의 눈알은 영양가가 높아 고급요리에 속하며 대구의 간은 비타민 A가 풍부하여 간유의 원료로써 의약품으로 귀하게 취급된다.
또한 대구의 대가리는 콜라겐과 젤라틴이 풍부하여 대구의 살보다 대

대구 대가리에는 콜라겐, 젤라틴이 풍부해 맛이 쫀득하며, 한방에서는 콜라겐을 관절에 이로운 성분으로 보았는데, 대구보다 대구뽈이 더 비싸고 맛이 좋은 이유이다.

구의 대가리를 이용한 대구뽈찜과 대구뽈탕의 인기가 좋다.

조선시대 진상품의 기록서인『공선정례』에 의하면 대구의 건제품과 알, 내장으로 담근 젓갈이 고급품으로 취급받았음을 알 수 있다.『동의보감』에서는 "성질이 평(平)하고 맛이 짜며 독이 없고 기(氣)를 보(補)한다"고 하였으며, 청원군 가덕대구의 맛이 제일 좋다고 알려져 있는데『신증동국여지승람』에 임금님의 수라상에 올라갔다는 기록이 있어 최고로 치는 진품이었다. 대구의 무게가 2관 이상 되는 것을 '누룽이'라고 한다.

2. 영양과 효능

대구는 흰 살 생선답게 지방함량(100g당 0.5g)이 낮은 저지방 저칼로리 식품이며 단백질(17.5%)과 인, 비타민 A가 풍부하다. 아미노산의 일종인 타우린(taurine)이 풍부하여 피로회복, 시력증강, 간기능강화에 좋은 식품이며, 비타민 B군이 많아 소화촉진, 혈액순환을 좋게 한다.

대구 대가리에는 콜라겐과 젤라틴이 풍부해 맛이 쫀득하며, 한방에서는 콜라겐을 관절에 이로운 성분으로 보았는데, 대구보다 대구뽈이 더 비싸고 맛이 좋은 이유이다.

대구 내장엔 각종 영양소가 풍부하다. 탕요리를 할 때 대개 내장을 넣는데 이때 배를 가르면서 쓸개를 건드리면 절대 안 된다. 쓸개가 터지면 쓴맛이 나서 국물을 먹기 힘들어지기 때문이다. 대구의 간장은 지질이 많아서 비타민 A를 많이 함유하므로 간유(肝油)의 원료가 된다. 간유(cod liver oil) 1g에는 비타민 A가 103~104IU 함유되어 있다.

대구 내장엔 각종 영양소가 풍부하다. 탕요리를 할 때 대개 내장을 넣는데 이때 배를 가르면서 쓸개를 건드리면 절대 안 된다. 쓸개가 터지면 쓴맛이 나서 국물을 먹기 힘들어지기 때문이다.

3. 음식궁합

YES

쑥갓 : 쑥갓은 비타민 C와 A를 함유하고 있는데 이 영양소들은 항산화작용이 있어서 세포를 튼튼하게 해주기 때문에 대구에 풍부한 단백질과 함께 섭취하면 거칠어진 피부를 부드럽게 하고 면역력을 높일 수 있다.

미나리 : 대구알과 미나리를 함께 섭취하면 해독작용이 뛰어나기 때문에 숙취해소에 좋은 음식이 된다.

토마토 : 토마토의 리코펜(lycopene)은 항산화작용이 있어서 단백질과 같이 섭취하면 면역력을 높인다.

표고버섯 : 버섯에 들어 있는 에리타데닌(eritadenine)은 콜레스테롤을 떨어뜨리는 효과가 있으므로 같이 섭취하면 동맥경화 예방에 도움을 준다.

4. 재료이야기

1) 재료 구입법

몸이 깨끗하고 매끄러우며 광택이 나고 갈색무늬가 곱게 펴져 있는 것을 고른다. 배를 눌렀을 때 탄력이 있어야 하며 아가미가 선홍색인 것을 선택한다. 외양이 대가리부터 꼬리까지 반듯한 것이 상품(上品)이다. 대구는 다른 생선에 비해 살이 물러서 잘 구입해야 하며 미리 잘라 놓은 것은 신선도가 떨어진다. 비린내가 심하게 나거나 어두운 적갈색은 잡은 지 오래된 것이다.

2) 재료 보관법

대구는 살이 연해 선도(鮮度)가 빨리 떨어진다는 약점이 있다. 오래 보관해 둔 대구는 탕이나 찜을 할 때 국물에 거품이 많아진다. 이 거품은 필히 건져내야 잡맛이 적다. 보관이 불가피하다면 한 토막씩 랩으로 싸서 냉동실에 넣어두거나 내장을 분리하여 생선살은 소금을 뿌려 팩에 담아 냉장이나 냉동실에 저장한다. 냉동기간이 길어지면 근육에서 수분이 빠져나오는 스펀지현상이 일어나 맛이 떨어진다.

5. 맛있는 조리방법

- 대구탕 : 손질한 대구는 소금에 30분 정도 절인다. 쌀뜨물에 납작하게 썬 무를 넣고 끓이다가 손질한 대구를 넣고 익으면 두부와 마늘, 고추를 넣고 조금 더 끓인 후 쑥갓을 넣고 소금으로 간을 한다.
- 대구조림 : 대구를 손질하여 포를 떠서 소금에 절여 팬에 노릇하게 지진다. 조림장(간장, 설탕, 다진 파, 마늘, 생강)이 끓으면 대구를 넣어 윤이 나게 조린다.
- 약대구알 : 대구의 내장에서 알이 터지지 않게 꺼내어 소금을 뿌린 후 다시 대구 배 속에 알을 집어넣고 1~2개월 그늘에서 말려 알을 꺼내 먹는다.
- 대구뽈찜 : 대구 대가리를 손질하여 반으로 갈라 소금과 술로 밑간하여 양념장(간장, 고춧가루, 설탕, 다진 파, 마늘, 생강)을 넣고 끓인다. 접시에 조린 대구를 담고 데친 콩나물과 미나리, 홍고추, 대파를 대구 조린 양념장에 버무려 대구 대가리 위에 얹어낸다.
- 대구포무침 : 대구포를 물에 잠시 불려 껍질을 벗기고 가늘게 찢어 들기름으로 무친다.

대구탕

이것이 궁금해요?

Q&A

Q 대구는 버릴 것이 없다는데, 어떻게 이용되나요?

A 생대구로도 이용하지만 시간이 지나면서 싱싱함을 잃으니 알, 이리, 내장, 아가미 등을 제거하고 말려요. 알과 내장, 아가미는 소금에 절여 젓갈을 담그는데, 특히 아가미젓은 무김치에 더하면 독특한 발효향이 납니다. 어민들은 생대구회보다 살짝 말린 대구의 회를 더 맛있는 것으로 치는데 말린 대구의 회는 찰기가 있고 맛이 농축되어 감칠맛도 더 있기 때문이에요. 탕도 말린 것으로 끓이는 것이 더 맛이 좋아요. 아주 바짝 말린 대구는 물에 불려 탕이나 찜을 해서 먹는데, 탕을 할 때 대가리를 푹 끓여 쓰면 보얗고 구수한 맛의 국물을 얻을 수 있어요.

재미있는 음식이야기

• 세계 전쟁을 세 번이나 일어나게 한 대구

대구전쟁은 1950년대부터 1970년대까지 북대서양에서 일어난 영국과 아이슬란드의 어업권 주장 전쟁이었다. 1972년 아이슬란드는 남획 감소계획을 일방적으로 발표하기 전에 배타적 경제수역(EEZ)을 영해를 넘어 선언했다. 아이슬란드 연안경비대는 어업 할당량을 영국 해군까지 포함하여 단속했으며, 이후 톱날사건과 영국의 트롤어업(저인망 어업) 영역의 확장을 발표하는 일련의 사건이 계속되었다. 이 결과 영국의 해군은 전함과 예인선을 동원해 아이슬란드의 영국해안에서의 어업 단속을 막기 시작했으며 이로 인해 아이슬란드 연안경비대의 선박과 영국 해군의 직접적인 충돌이 있었다. 이 분쟁은 아이슬란드에게 1976년 북대서양조약기구의 보복 통첩을 받은 후 영국 함선의 200해리(370km) 내의 함선 철수로 종료되었다. 영국 정부는 1976년 12월 1일 이후 영국 트롤어선이 분쟁지역에서 어업을 하지 않을 것이라 인정하며 정리되었다.

한국인에게 가장 친숙한 채소
배추(Chinese Cabbage)

1. 역사이야기

배추는 양귀비목 십자화과의 식물로 중국 북부지방이 원산지이며 고려시대의 의서『향약집성방』에 배추가 처음 언급된 것으로 보아 고려시대 이전에 도입된 것으로 추정된다.

배추를 '숭채'라고도 하는데 추운 겨울에도 시들지 않고 푸르러 소나무처럼 절개가 드높다 하여 붙은 이름이다. 중국에서는 "꽃의 왕은 모란이요, 과일의 왕은 여지요, 채소의 왕은 배추"라고 했다. 그만큼 배추에는 다양한 영양소가 풍부하게 들어 있다. 배추는 무, 고추, 마늘과 함께 4대 주요 식품으로 일 년 내내 김치와 찌개, 국, 나물 등으로 식탁을 구성한 식품이다. 특히 겨울철 김장은 과일이나 채소를 구하기 힘든 계절 비타민 C 공급에 더욱 중요한 영양소였기에 조상들의 슬기를 엿볼 수 있다. 배추를 원료로 하는 김치는 '절반이 양식'이라는 말이 있다. 여러 세대를 걸쳐 이어져 온 우리의 김장문화는 '유네스코 인류무형문화유산'에 등재되어 국제사회에 널리 알려지게 되었다. 배추의 품종은 18세기 초 개량이 이루어져 지금의 배추형태로 자리 잡게 되었다.

배추를 국으로 끓이거나 김치를 담가도 비타민 C가 다른 채소들보다 많이 남아 겨울철 비타민 C 공급원으로 배추를 이용한 우리 민족의 슬기를 엿볼 수 있다.

2. 영양과 효능

배추는 수분이 약 90~96%이며 섬유소가 풍부하고 비타민 C, 무기질 함량이 높고 칼로리가 매우 낮은 식품이다. 소금절임에 의해 칼슘을 제외한 비타민과 무기질의 50~60%가 용출되나 식이섬유로 인해 장의 운동을 촉진하여 정장작용을 한다. 또한 배추에는 황화합물이 들어 있어 가열에 의해 황화가스와 기타 황화합물이 발생되어 유황냄새가 난다.

비타민 C는 추위에 잘 견디게 하고 질병에 대한 저항력을 증강시키는 효과를 나타내는데 배추의 비타민 C는 1일 필요량을 배추잎 하나로 섭취할 수 있을 정도로 풍부하여 겨울철 감기예방에 더없이 좋으며, 배추를 국으로 끓이거나 김치를 담가도 비타민 C가 다른 채소들보다 많이 남아 겨울철 비타민 C 공급원으로 배추를 이용한 우리 민족의 슬기를 엿볼 수 있다.

동양의학의『오행론(五行論)』에 따르면 배추는 '가을의 행(行)'에 드는 채소로 불을 끄는 성질을 갖고 있으며, 여기서 말하는 불은 여름 동안 체내에 쌓인 열(화기)을 가리킨다는 것이다.

또 배추의 독특한 향과 매운맛을 내는 시니그린(sinigrin)성분이 분해되며 발생하는 글루코시놀레이트(glucosinolates)라는 효소는 대장암과 방광암, 유방암 등을 예방하는 강력한 항암물질이다. 배추의 시니그린(sinigrin)성분은 겉잎보다 노란 속잎에 5배나 많이 들어 있기 때문에 쌈배추를 자주 먹는 것도 암 예방에 좋다.

배추의 독특한 향과 매운맛을 내는 시니그린(sinigrin)성분이 분해되며 발생하는 글루코시놀레이트(glucosinolates)라는 효소는 대장암과 방광암, 유방암 등을 예방하는 강력한 항암물질이다.

3. 음식궁합

YES

두부 : 배추의 비타민 C, 섬유소와 두부의 식물성 단백질을 함께 섭취할 수 있어 함께 먹으면 좋다.

된장 : 배추에 부족한 아미노산(amino acid)을 된장으로 보충할 수 있다.

무 : 배추나 무 모두가 체내 독소를 배출시켜 기의 흐름을 좋게 한다.

식초 : 배추와 식초를 함께 섭취하면 배추의 채독을 식초의 살균력으로 완화할 수 있다.

생강 : 배추뿌리와 생강을 배합해서 끓여 마시면 감기에 좋다.

무 : 배추와 무를 배합하면 위장점막을 보호해 주는 역할을 하며 정장작용을 돕기 때문에 좋은 음식궁합이다.

4. 재료이야기

1) 종류

- 결구배추 : 속잎이 꽉 차는 배추이며 잎 수가 60~70장이다. 고갱이가 생긴다.
- 반결구배추 : 속잎이 반 정도 차는 배추이며 잎이 열려 있고 배추심이 없다. 서울배추, 송도배추, 개성배추, 산동배추 등이 있다.
- 불결구배추 : 속이 차지 않은 퍼진 상태의 납작배추이다. 봄동이 있다.
- 쌈배추 : 크기가 작은 배추로 결구배추와 같은 특성을 가지며 쌈채소로 활용된다.

2) 재료 구입법

배추의 크기는 중간 정도이며 완전 결구되어 겉잎이 벌어지지 않아야 좋다. 같은 크기라면 들었을 때 묵직한 것을 고른다. 쪼개보아 줄기 두께가 얇으면서 질기지 않고 고소한 맛과 단맛이 많으며 수분이 적은 것을 고른다. 배추의 뿌리부분이 싱싱해야 하며 줄기의 흰 부분을 눌러보아 단단하고 탄력이 있어야 좋다. 배추잎은 넓고 연녹색을 나타내며 배추잎에 검은 점이 있는 것은 피하고 그다지 두껍지 않은 것이 좋으며, 햇배추는 큰 것이 좋고 가을배추는 무겁고 중간크기가 좋다. 배추 겉잎을 벗겨 파는 것은 잎이 시들어 신선도가 떨어진 것이므로 가능한 푸른 배추를 구입하는 것이 좋다.

3) 재료 보관법

물이 잘 빠지는 밭 위에 배추를 한 층으로 하여 넓이는 4~5포기 정도로 하고, 길이는 임의로 조절하여 세우고, 그 위에 짚이나 이엉 등으로 덮어서 저장하는 노지저장이 있으며, 땅속 1m 아래에 겉잎을 제거한 배추를 뿌리째로 캐다가 심은 후 그 위에 간단한 지붕을 만들어 저장하는 움저장법, 폴리에틸렌 필름에 포장하여 0~10℃ 정도로 저장하는 포장저장법이 있다. 일반적으로 가정에선 배추를 통째로 신문지에 싸서 밑동이 아래쪽으로 가게 하여 서늘한 곳에 보관한다.

5. 맛있는 조리방법

- 배추전 : 배추잎은 깨끗이 씻어 덧가루를 묻힌 후 간을 맞춘 반죽물에 담가 달군 팬에 기름을 두르고 배추 위에 청·홍고추 다진 것을 올려 지진다.
- 배추속대국 : 냄비에 멸치육수를 담고 된장과 반 거피된 들깻가루를 푼 뒤 적당히 썬 배추와 콩나물을 넣고 끓으면 마늘을 넣고 소금으로 간한다.
- 백김치 : 배추는 잘 절여 물기를 빼고 무, 쪽파, 갓은 알맞게 썰고 밤, 마늘, 생강을 곱게 채 썬다. 준비된 부재료 모두를 무즙, 배즙, 멸치액젓과 함께 섞어 김치 소 재료를 만든다. 절인 배추 사이사이에 소를 넣는다.

배추겉절이

- 배추겉절이 : 배추는 결대로 어슷하게 썰어 소금에 절인다. 겉절이 양념(고춧가루, 마른 고추 불려 간 것, 간장, 멸치액젓, 다진 마늘, 다진 파, 설탕, 깨소금)을 만들어 30분 정도 숙성시킨다. 부추와 배추를 볼에 담아 양념을 넣고 고루 버무린다.
- 배추두부무침 : 배추는 끓는 물에 소금을 넣고 데쳐 물기를 짜고 두부는 전자레인지에 돌려 으깬 후 볼에 담아 양념(된장, 들깻가루, 들기름, 다진 파, 다진 마늘)을 넣고 골고루 무친다.

이것이 궁금해요?

Q 여름배추로는 김치를 맛있게 담가도 맛이 떨어지는데 왜 그런가요?

A 여름배추는 껍질이 두껍고 질기며 단맛, 고소한 맛이 적고 싱거우며 물이 많아 겨울 김장배추의 맛을 따라갈 수 없어요. 따라서 껍질이 얇고 속이 적당이 찬 작은 배추를 고르는 것이 좋아요. 겨울배추보다 절이는 시간을 줄이고 배추 맛은 양념으로 보완하여 들어가는 재료를 잘 선택하여 만들면 좋아요.

재미있는 음식이야기

• 김치의 유래

지금으로부터 3000여 년 전부터 우리 민족은 채소를 오래 보관하기 위한 방법으로 먼저 말려서 저장하다가 소금에 절이는 방법을 쓰게 되었는데 그 발효과정의 발전을 거치는 때부터 김치가 시작되었다고 볼 수 있다. 그것을 저(菹)라는 한자어로 표기하였으며 김치류를 총칭하는 고유의 옛말을 '지' 또는 한자로 '침채(沈菜)'라고 하였다. 침채(沈菜)는 채소를 소금물에 담근다는 의미가 있는데 김치라는 말의 어원은 '침채'라는 말이 오랜 세월을 거치는 동안 침해, 담채, 김채, 김치로 변하면서 나중에 '김치'라는 이름으로 자리매김하게 되었다. 이렇게 채소를 소금물에 담그는 정도였던 것이 조선시대에 들어서면서 산업의 발달과 인쇄술의 발달로 농서의 폭넓은 보급에 힘입어 채소 재배기술이 향상되었고 국외로부터 여러 가지 채소들이 유입되고 다양한 채소들이 김치의 주재료, 부재료로 이용되면서 김치의 재료가 다양해졌다. 지금과 같은 배추김치의 형태가 시작된 것은 외래 채소들, 특히 결구배추가 도입되어 재배되기 시작하면서부터이며, 또 지금처럼 붉은빛을 내는 김치는 조선시대 중기 이후 고추가 대량으로 유입되면서 형태를 갖추게 되었고, 본격적으로는 조선 후기(18세기)에 고추를 조미료로 사용하면서부터였다고 한다.

맛을 돋우는 식탁의 감초

파(Spring Onion)

1. 역사이야기

파는 백합과의 파속 여러해살이풀로 중국의 서부가 원산지로 알려져 있으며 우리나라에는 고려시대 이전에 전래되었다. 백년가약을 맺을 때 '검은 머리 파뿌리가 되도록 살라'고 하여 백년해로를 파뿌리에 비유하였듯 파는 우리 식생활에 깊게 뿌리박혀 있다. 파는 그 자체가 주재료가 되어 음식이 되기도 하지만 보통은 모든 음식의 맛을 돕는 양념으로 쓰인다. 예부터 파는 약용으로 많이 쓰여 만병의 근원이라는 감기에 파뿌리가 사용되었다. 또한 대파는 한방에서 총백(蔥白)이라 하여 소화불량과 구토를 치료하는 데 쓰였다.

파의 흰 대 부분에는 비타민 C가 많이 함유되어 있어(비타민 C 함량이 100g당 21mg) 환절기나 겨울철 감기에 도움을 준다.

2. 영양과 효능

수분이 91%, 탄수화물이 6.7%, 단백질이 1.1%이며 각종 비타민과 무기질이 다량 함유되어 있다. 파의 녹색 부분에는 비타민 A와 C가 많고 무기질이 풍부하며 베타카로틴과 비타민 C가 풍부해 피부에 좋고, 칼슘은 뼈를 튼튼하게 해주고, 칼륨은 체내에 쌓인 나트륨을 배출시켜 고혈압 예방에 탁월한 효과가 있다. 파의 흰 대 부분에는 비타민 C가 많이 함유되어 있어(비타민 C 함량이 100g당 21mg) 환절기나 겨울철 감기에 도움을 준다.

파에서 나는 자극적인 특유의 냄새는 마늘에도 들어 있는 알린(Allin)이라는 물질로, 이는 고기나 생선의 좋지 않은 냄새를 제거해 주는 역할을 하며, 비타민 B를 활성화한다고 알려져 있다. 파의 자극성 냄새와 매운맛은 황휘발성 물질로 소화액 분비를 촉진하여 식욕을 증진시키며 파의 향미성분은 육류의 누린내를 제거하고 풍미를 좋게 한다. 파채를 먹을 경우 찬물에 담그는 것이 좋은데, 파는 써는 순간 손상된 표면에 붙어 있는 황화합물들이 쓰고 아린 맛을 쏟아내기 때문이다. 이 휘발성 화학물질은 공기의 흐름을 타 파를 써는 사람의 눈과 콧속으로 들어가 신경 말단을 공격해 눈물이 나게 하는데 찬물에 30분 정도 담갔다가 사용하면 쓴맛과 매운 향이 줄어든다.

3. 음식궁합

YES

간 : 파에 있는 유화아릴은 간에 있는 비타민 B_1과 함께 피로회복에 효과가 좋다.

쇠고기 : 파에 있는 비타민 C는 단백질과 같이 섭취하면 감기를 예방할 수 있다.

4. 재료이야기

1) 종류

- 대파 : 대파는 40cm 이상의 길고 굵은 파이다. 중생종은 흰 뿌리가 3cm 정도이고 잎이 부드럽고 만생종은 흰 부분이 굵다.
- 쪽파 : 실파보다는 아랫부분이 둥글다. 길이가 30cm 정도이다. 조생종은 둥근 뿌리가 담황색으로 소형이며 잎의 색은 진한 녹색이고 잎의 끝이 가늘게 되는 것이 특징이다. 중생종은 둥근 뿌리가 담자색으로 소형이고 잎의 색은 연한 녹색이며 잎이 가늘고 길며, 허리가 약하고 구부러지기 쉽다. 만생종은 둥근 뿌리가 자색을 띤 대형으로 잎은 두껍고 색깔은 진한 녹색에 가깝다.
- 실파 : 대파나 쪽파보다 가늘고 실처럼 가늘어 실파라고 한다. 매운맛이 적으므로 조리 시 다양하게 이용된다.
- 움파 : 겨울에 움에서 자라 엽록소가 퇴화되어 색이 연하다.
- 풋마늘 : 잎마늘이라고도 부른다. 마늘통이 굵어지기 전에 어린잎줄기를 수확해 먹는데, 얼핏 보면 쪽파와 비슷하게 생겼다. 3~4월이 제철인 풋마늘을 생것 그대로 겉절이해서 먹거나 고추장무침, 전, 튀김 등으로 즐긴다.

2) 재료 구입법

대파는 크기와 굵기가 일정하고 신선하며 꽃이 피지 않은 것이 좋다. 흰 부분이 곧고 길며 파 특유한 향기가 있고 파의 잎이 지나치게 굵거나 안에 심이 없는 것을 구입한다. 잎부분은 시든 것 없이 진한 녹색으로 부드러우며 연하고 탄력이 있으며, 마른 잎과 잔뿌리는 적절히 제거되고 선도가 유지된 것으로 토사부착과 이물질이 없고 흰 부분의 육질은 치밀하면서도 살이 쪄서 유연하고 곧고 길며 굵은 것이 좋다. 또 뻣뻣하지 않고 흰 부분과 푸른 부분의 구별이 뚜렷한 것을 구입한다.

3) 재료 보관법

단기간 보관할 때에는 뿌리와 겉잎을 정리하여 신문지에 싸서 냉장보관한다. 파가 많고 오래 보관할 필요가 있고 싱싱하면 화분에 묻어 빛이 들지 않는 곳에 둔다. 만약 물에 닿았을 경우 빨리 사용하는 것이 좋은데 사용하고 남은 파는 썰어서 밀폐용기에 담아 냉동보관한다.

5. 맛있는 조리방법

- 대파뿌리죽 : 대파뿌리 4대, 마늘 5알, 물 3컵을 끓여 체에 밭친다. 불린 쌀 1/2C과 대파뿌리 2대를 믹서기에 넣고 쌀입자가 보이도록 갈아준다. 냄비에 쇠고기와 버섯, 참기름을 넣고 볶다가 쌀과 대파 끓인 물을 넣고 죽을 쑤어 간을 한다.
- 파김치 : 쪽파는 뿌리부분을 자르고 손질하여 멸치액젓에 숨이 죽도록 절인다. 볼에 양념(고춧가루, 찹쌀풀, 멸치액젓, 설탕)을 담아 파를 넣고 골고루 버무린다.
- 해물파전 : 쪽파는 손질하여 비슷한 길이로 자르고 해물은 씻어 체에 밭친다. 밀가루 1C에 찹쌀가루 30g, 소금을 넣고 반죽물을 만든다. 뜨거워진 팬에 기름을 두르고 반죽을 동그랗게 놓고 쪽파, 해물, 청 · 홍고추를 얹고 그 위에 달걀물을 끼얹어 앞뒤로 지진다.
- 파채수육무침 : 사태는 향채(마늘, 생강, 청주, 대파)를 넣고 푹 삶아 적당한 크기로 썬다. 파채는 흰 부분만 곱게 채 썰고, 깻잎도 채 썬다. 접시에 대파채, 깻잎, 고기를 담아 소스(참깨, 간장, 마늘, 맛술, 설탕, 다시마육수 1/2C)를 끼얹는다.

파김치

이것이 궁금해요?

Q&A

Q 미역국에 파를 넣지 않는데 왜 그런가요?

A 미역의 칼슘과 파의 유황(sulfur) 때문이에요. 칼슘이 유황을 만나면 중화되는 특성이 있어서 칼슘이 없어져 버려요. 그리고 파를 미역국에 넣으면 맛도 떨어집니다. 미역과 파에는 미끈거리는 점액질성분인 알긴산(alginic acid)이 모두 들어 있어요. 이 성분은 음식의 맛을 느끼는 혀의 미뢰세포 표면을 모두 덮어버려 미역국 특유의 구수한 맛이 떨어지게 됩니다.

재미있는 음식이야기

• 버릴 것 없는 파-대파뿌리의 효능

대파뿌리는 감기 및 기관지 질환을 예방하고 개선하는 데 도움이 된다. 보통 한방에서도 감기와 기침을 다스리기 위해 대파뿌리를 사용하고 있으며 대파와 대추 등을 넣고 달인 물을 마시면 기침 완화에 도움을 준다. 또 대파는 살균작용을 하여 생선요리에 쓰거나 말려서 사용하면 살균효과를 얻을 수 있다. 대파뿌리는 섭취한 음식물의 소화가 잘되도록 도와주는 작용을 하는데 대파뿌리가 우리 몸속의 위액 분비를 촉진하기 때문이다. 마지막으로 심혈관질환을 예방하는 데 좋다. 대파뿌리가 혈관을 청소하고 콜레스테롤 수치를 낮추기 때문이다. 이렇듯 대파뿌리에도 많은 효능이 있으니 버리지 않고 사용하면 좋다. 대파는 뿌리부터 잎까지 버릴 것이 없는 재료이다.

밭에서 나는 천연 소화제 무(White Radish)

1. 역사이야기

무는 십자화과에 속하는 초본으로 원산지는 지중해 연안, 또는 중앙아시아, 중국, 인도 및 서남아시아 등 다양한 설이 있다. 우리나라에는 중국을 거쳐 전파된 재래종과 중국에서 일본을 거쳐 들어온 개량종이 있으며 국, 나물, 찜, 조림, 전, 김치 등의 다양한 조리법으로 친숙한 식재료 중 하나로 폭넓게 사용되고 있다. 지역에 따라 무, 무수, 무시 등으로 불리며, 문헌에는 내복(來菔), 나복(蘿葍)으로 기록되어 있으며 삼국시대부터 재배된 듯하나 문헌상 기록은 고려시대부터 보인다. 『동의보감』에 무는 우리나라 전역에서 심을 수 있으며 항상 먹을 수 있다고 기록되어 있다.

서양에서는 고대 이집트에서 피라미드를 건설할 때 노동자들에게 무를 먹였다는 기록이 있고 중국에서는 춘추전국시대 이전부터 기록에 나타나는 것으로 보아 매우 오래된 식재료임을 알 수 있다.

일반적으로 무를 저장하기에는 따뜻한 곳이 좋지만 맛이 달고 좋기로는 고지대 것이 더 좋으며, 무의 윗부분인 잎부분을 말려서

무를 저장하기에는 따뜻한 곳이 좋지만 맛이 달고 좋기로는 고지대 것이 더 좋으며, 무의 윗부분인 잎부분을 말려서 무청이라 하는데 겨울철에 국이나 나물 등의 반찬으로 사용하여 비타민, 무기질, 식이섬유의 공급원으로 이용하고 있다.

무청이라 하는데 겨울철에 국이나 나물 등의 반찬으로 사용하여 비타민, 무기질, 식이섬유의 공급원으로 이용하고 있다.

2. 영양과 효능

무는 수분함량이 94% 이상이고 비타민 C와 무기질을 함유하고 있으며 당분이 함유되어 있어 시원하고 매운맛과 단맛이 어우러져 다양한 요리에 이용되고 있다. 특히 비타민 C의 경우 무 속보다 껍질에 2배 이상 함유되어 있으므로 껍질을 깎아내기보다 깨끗이 씻어서 조리하는 것이 좋다.

무잎을 말린 무청에는 베타카로틴과 비타민 C, 필수아미노산인 라이신(lysine) 등이 함유되어 있어 비타민 공급과 더불어 밥과 함께 섭취하면 쌀에 부족한 단백질을 보충해 주므로 영양을 균형 있게 섭취할 수 있다.

예전부터 무를 천연소화제라 하였는데 무 속에 소화효소인 디아스타제(diastase), 글리코시데이스(glycosidase) 등이 함유되어 있기 때문으로 국수류나 떡, 밥과 같은 탄수화물이 많은 음식과 함께 먹으면 좋다.

한의학에서는 무가 서늘한 기운을 가지고 있으며 밀과 보리의 독성을 제어한다고 하며, 무는 오장의 나쁜 기를 다스려 몸의 악기를 몰아낸다고 하였다. 무를 생으로 먹었을 때와 익혀 먹었을 때의 효능 또한 달리 보았는데 생으로 먹을 경우 갈증을 그치게 하고 속을 뚫어주고, 익혀 먹을 경우 담(痰)을 없애며 음식에 체한 것을 소화시킨다고 하였다.

무잎을 말린 무청에는 베타카로틴과 비타민 C, 필수아미노산인 라이신(lysine) 등이 함유되어 있어 비타민 공급과 더불어 밥과 함께 섭취하면 쌀에 부족한 단백질을 보충해 주므로 영양을 균형 있게 섭취할 수 있다.

3. 음식궁합

YES

아귀 : 무의 단백질 분해효소가 아귀의 소화를 돕고 비타민 C를 보충해 준다.

배추 : 비타민 C와 칼슘, 칼륨이 풍부한 배추와 비슷한 영양소를 가지고 있는 무를 함께 섭취하면 효과가 상승된다.

메밀 : 메밀의 살리실아민(salicylamine)과 벤질아민(benzylamine) 성분이 몸에 부담을 주는 것을 무와 같이 먹으면 완화시켜 준다. 이는 메밀과 무즙을 함께 먹는 이유이다.

무화과 : 무와 무화과를 같이 먹으면 목에 염증이 생겨 아픈 증상을 완화시켜 준다.

NO

오이 : 오이를 자르면 아스코르비나아제(ascorbinase)라는 비타민 C분해효소가 생기는데, 이것이 무의 비타민 C를 파괴한다. 흔히 무생채나 물김치를 만들 때 색깔이 흰 무와 잘 어울리고 맛도 있어 무심코 곁들이는 것이 오이인데, 오이와 무를 같이 넣고 김치를 만드는 것은 좋지 않은 배합이다.

4. 재료이야기

1) 종류

- 조선무 : 크기가 작고 매운맛이 강하며 육질이 비교적 치밀한 재래종 계통의 무로 잎사귀가 부드러워 나물용으로 좋고 크기가 작고 매운맛이 강하며 육질이 치밀하여 무김치에 적합하다.
- 왜무 : 매운맛이 적고 길쭉한 절임용(단무지) 무. 육질이 부드럽고 수분이 많으며, 생채용으로 적당하다.

• 총각무 : 알타리계통의 무로 쥐꼬리처럼 생긴 작은 무이다.
• 지합 : 무의 밑부분이 송곳 모양인 것이다.
• 백자 : 김장용으로 쓰이는 하얀 통무이다.

2) 재료 구입법

무는 광택이 나며 몸매가 매끈하고 싱싱한 무청이 그대로 달려 있는 것이 좋다. 무청이 싱싱한 것이 무도 싱싱하고 맛이 있으며 수분도 많다. 무를 두들겨보았을 때 단단하면서 꽉 찬 소리가 나며 형체가 바른 것이 좋다. 무는 진흙에서 자란 것이 같은 품종이라도 달고 맛있다. 뿌리와 잔뿌리가 너무 발달한 것은 좋지 않고 몸에 조직이 발달하여 흰줄이 보이거나 중심부에 하얗게 파인 데가 있으면 좋지 않다.

3) 재료 보관법

무는 구입 즉시 잎을 잘라내야 영양분 손실을 막을 수 있는데, 무잎을 자를 때 푸른 부분이 조금 남아 있게 잘라야 무의 수분 증발을 막을 수 있다. 무를 씻어 물기를 없애고 신문지에 싸두면 오래 보관할 수 있다.

무의 적정 저장온도는 0℃, 습도는 90~95%가 최적의 조건으로 이 조건에서는 약 3개월간 저장이 가능하다. 무는 부위에 따라 단맛과 매운맛이 다르므로 앞에 하얀 부분은 매운맛이 적어 샐러드나 생채로 사용하고, 중간부분은 조림할 때, 뿌리 쪽의 파란 부분은 매운맛이 많으므로 소금에 절여서 매운맛을 빼고 생채를 하거나 오래 끓이는 국으로 사용하는 것이 좋다.

5. 맛있는 조리방법

- 무생채 : 무를 채 썰어 고춧가루로 물들인 후 새콤하게 무친 음식으로 굴을 넣고 무치기도 한다.
- 무엿 : 밥을 엿기름으로 당화시켜 조릴 때 무를 얇게 썰어 함께 조린 것으로 기침이나 천식에 좋다고 한다.
- 개성무찜 : 무와 함께 소고기, 돼지고기, 닭고기 등을 함께 넣고 푹 찐 음식으로 무가 넉넉히 들어가는 것이 특징이다.
- 무시루떡 : 무를 채 썰어 설탕이나 소금에 살짝 절인 후 멥쌀가루나 찹쌀가루에 섞어 시루에 찐다.

무시루떡

이것이 궁금해요?

Q 회를 담을 때 접시에 무채를 까는 이유는 뭔가요?

A 무에 수분이 많고 시원한 성질이 있어 회를 싱싱하게 유지하기 위함이기도 하고 혹시 모를 회의 독성을 미리 막기 위함이기도 하다.

재미있는 음식이야기

• 단무지의 유래

단무지를 '왜무지'라고도 하고 '다쿠앙'이라고도 하는데, 이러한 이름은 처음 만든 사람의 이름에서 전해졌다. 그는 일본 동경 시나가와 부근의 동해사(東海寺)라는 절을 개창한 조선의 고승이기도 한데, 10세 때 출가하여 수행승으로 참선에 몰두하였으며 32세 때 스승으로부터 "일대사(一大事)를 요달(了達)하였다"는 인가를 받고 '다쿠앙(澤庵)'이라는 법호를 받았다. 어느 날 다쿠앙 선사가 있는 동해사로 장군이 찾아와 두 사람은 담소를 나누며 식사하게 되었는데, 식사 도중 무 절인 것을 먹게 된 장군이 "아, 이것은 천하일미군요!"라고 했다. 산해진미에만 익숙해진 장군이라 담백한 것을 더 맛있게 느꼈는지도 모른다고 생각한 다쿠앙 선사가 웃으며 말했다. "그저 무로 만든 것인데요"라고 했으나 장군은 진지하게 "아니 무를 어떻게 해서 만들었습니까?"라고 물었고, 선사는 "쌀겨와 소금에 절였을 뿐입니다"라고 하며 절인 무 만드는 법을 알려주었다. 이에 장군은 "아! 참 별미요. 대사께서 고안하신 모양이니 앞으로 이 무를 '다쿠앙'이라 부르기로 합시다"라고 했다고 한다. 이렇게 해서 단무지의 이름이 생겨났다고 한다.

바다의 영양을 가득 담은 새우(Shrimp)

1. 역사이야기

새우는 껍질이 딱딱한 갑각류 중 십각목(十角目) 장미아목(長尾亞目)에 속하는 절지동물로 십각이란 말대로 5쌍의 다리를 가지고 있으며 긴 꼬리를 가지고 있다. 세계적으로 폭넓게 분포하며 어패류 중 선호도가 높은 식재료이다. 고서에는 하(蝦, 鰕)라 하고, 허리를 구부리고 있는 모양을 노인에 비유해 '해로(海老)'라고도 하며 긴 수염이 있어 '바다의 어른'이라는 별칭이 있다. 『동국여지승람』에 기록된 것을 보면 대하(大蝦), 중하(中蝦), 백하(白蝦), 자하(紫蝦) 등으로 나누어 산출되는 지역이 기록되어 있어 전국적으로 다양한 새우가 나왔음을 알 수 있다. 정약용의 『자산어보(玆山魚譜)』에는 "맛이 매우 달콤하다"라고 하였고, 『본초강목』에서는 양기를 키운다 하여 혼자 여행하는 총각은 새우를 먹지 말라고 할 정도로 자양강장식품으로도 알려져 있다. 국내에서는 80여 종의 새우가 분포하며 특히 보리새우 종류는 양식으로 대량생산되기도 한다.

말린 새우의 경우 단백질 함량이 약 56%로 높아지며, 라이신(lysine), 메티오닌(methionine) 등과 같은 필수아미노산이 풍부하다. 아미노산 중에도 단맛을 지닌 글리신의 함량이 많고 베타인이라는 성분이 들어 있어 새우 특유의 단맛과 향을 낸다.

2. 영양과 효능

새우의 영양성분은 종류에 따라 약간씩 차이가 있으나 주성분인 단백질이 20% 정도 포함되어 있으며 특히 근골격계를 튼튼히 하고, 심혈관계를 유지하는 타우린과 키토산이 풍부하다. 말린 새우의 경우 단백질 함량이 약 56%로 높아지며, 라이신(lysine), 메티오닌(methionine) 등과 같은 필수아미노산이 풍부하다. 아미노산 중에도 단맛을 지닌 글리신의 함량이 많고 베타인이라는 성분이 들어있어 새우 특유의 단맛과 향을 낸다. 지방의 경우 콜레스테롤 함량이 높지만 동맥경화를 유발시키는 LDL콜레스테롤이 아닌 HDL콜레스테롤로 혈관의 지방 침착을 방지하여 동맥경화를 예방한다. 새우에는 콜라겐의 함량이 일반 물고기보다 높아 가열에 의해 쉽게 파괴되지 않는다. 한편 근육 속의 단백질 분해효소의 활동으로 쉽게 변질될 수 있기 때문에 급속 냉동하거나 익혀서 유통하는 것이 많다.

새우를 익히면 붉은색을 띠게 되는데 이는 붉은색의 카로티노이드색소가 단백질 분자들에 둘러싸여 있어 나타나지 않고 회색이나 청색 등의 보호색을 띠는데 단백질이 열에 의해 변성이 일어나 카로티노이드 색소가 풀려나와 색깔이 나타나게 된 것이다. 카로티노이드 색소는 지용성으로 물에 조리하기보다 버터나 식용유와 같은 기름으로 조리할 때 색깔이 잘 우러난다. 새우를 익힐 때 껍질째 익혀야 맛성분의 추출량이 적어 풍미가 더 좋다.

새우의 대가리와 내장에는 퓨린이 다량 함유되어 있어 대사과정에 요산이 생성되어 통풍을 일으킬 수 있으므로 주의하는 것이 좋다. 『동의보감』에도 새우를 오래 먹을 경우 풍(風)을 일으킨다고 하였다.

새우의 대가리와 내장에는 퓨린이 다량 함유되어 있어 대사과정에 요산이 생성되어 통풍을 일으킬 수 있으므로 주의하는 것이 좋다. 『동의보감』에도 새우를 오래 먹을 경우 풍(風)을 일으킨다고 하였다.

3. 음식궁합

YES

돼지고기 : 새우젓에 함유되어 있는 지방 분해효소와 단백질 분해효소가 돼지고기의 주성분인 지방과 단백질을 분해하는 데 도움을 준다.

표고버섯 : 표고버섯이 새우의 풍부한 칼슘의 흡수를 돕는다.

아욱 : 아욱에는 새우에 부족한 비타민 A와 C, 섬유질 등이 풍부하고 아욱에는 단백질이 부족하므로 서로 보완작용을 한다. 아욱된장국에 보리새우를 넣어 끓인다.

전복 : 새우와 전복을 함께 먹으면 간과 신장의 기능을 강화하여 자양강장식으로 효과가 있다.

4. 재료이야기

1) 종류

새우는 민물, 바닷물, 열대, 온대, 한대의 심해에 이르기까지 다양한 곳에서 2,000여 종이 존재하고 있으며 우리나라 연안에서 잡히는 것으로 보리새우, 대하, 얼룩홍다리새우, 젓새우, 중국새우 등이 있는데 대략 다음과 같이 구분하기도 한다.

- 대하 : 몸길이가 25~27cm에 달하는 큰 새우이며 껍질이 단단하고 꼬리에 검은 무늬가 있다. 튀김이나 찜 재료로 이용된다.
- 중하 : 껍질이 얇고 몸길이가 12~15cm인 소형의 새우이다. 보리새우나 대하 등에 비하면 맛이 떨어진다. 튀김이나 중국요리의 재료에 이용된다.
- 보리새우 : 몸길이가 20cm 정도에 이르는 새우로 몸 표면에 연한 청색과 갈색의 가로줄 무늬가 있다. 조직이 연하고 맛이 좋아 튀김이나 초밥재료 등으로 이용한다. 대량으로 양식되고 있다.
- 점새우 : 몸길이는 4~5cm이며 껍질이 얇고 반투명한데, 담홍색이다. 새우젓을 담그는 데 이용된다.

2) 재료 구입법

새우는 대가리와 다리가 붙어 있으며 몸체에 투명감이 있고 윤기가 나야 한다. 대가리 부분이 검거나 전체가 불투명한 것은 부패가 진행된 것으로 피해야 한다. 냉동새우를 살 경우 표면이 건조하거나 흰 반점이 있는 것은 좋지 않다. 늦가을에서 겨울에 잡히는 것이 글리신의 함량이 높아 맛이 좋다.

3) 재료 보관법

새우는 통째로 －30℃ 이하로 급랭하면 6개월 정도 품질을 유지할 수 있으며, -20~0℃에서 약 1개월 냉동보관한다. 그 이상은 살의 탄력이 떨어지고 맛도 저하된다. 새우를 조리할 때에는 소금물에 새우를 살살 흔들어 씻어 두 번째 마디 사이에 꼬치를 넣어 검은 내장을 빼내고 새우 대가리를 비틀어 떼어낸다. 꼬리에 삼각형 모양으로 생긴 뾰족한 부분에는 물이 고여 있으므로 가위로 잘라내고 꼬리 끝에도 검붉은색의 물이 고여 있으므로 도마에 대고 칼끝으로 긁은 후에 사용한다.

5. 맛있는 조리방법

대하찜

- 대하찜 : 대하의 몸통 껍질을 벗기고 등쪽의 내장을 뺀 뒤 칼집을 넣고 넓게 펴서 생강즙과 흰 후춧가루로 양념하여 찜통에 찐 다음 고명을 올린다.
- 새우전 : 새우의 대가리를 떼어내고 껍질을 벗긴 뒤 칼집을 넣고 후춧가루로 밑간하여 밀가루와 달걀물을 입혀 프라이팬에 지진다.
- 마른 새우볶음 : 마른 새우를 손질하여 마늘종이나 견과류 등과 함께 팬에 양념을 넣고 볶아 통깨를 뿌린다.

- 새우장 : 새우의 수염과 뾰족한 입 등을 손질하여 소금물에 씻어 간장양념장을 끓여 식힌 뒤 부어서 만든다.
- 새우버터구이 : 새우를 손질하여 팬을 달군 후 버터를 두르고 굽는다. 레몬을 뿌려 구워도 좋다.

이것이 궁금해요?

Q 새우에 콜레스테롤 함량이 높아 건강에 좋지 않다는데…

A 새우에 함유되어 있는 콜레스테롤은 불포화지방산이 많이 들어 있는 HDL콜레스테롤로 혈관에 침착된 LDL콜레스테롤을 체외로 배출시키고 혈관의 지방 침착을 방지해 주어 동맥경화 예방에 도움이 됩니다. 또한 타우린성분이 풍부하여 간의 해독작용을 도와주고, 고혈압을 예방하며, 콜레스테롤을 감소시키는 역할을 하므로 지나치게 많이 먹지 않는다면 건강에 이롭다고 할 수 있어요.

또한 새우의 지방함량은 1.3%밖에 되지 않아 혈중 콜레스테롤이 크게 영향을 미치지는 않아요. 튀김이나 기름으로 조리한다면 섭취하는 콜레스테롤양이 많아질 수 있어요.

재미있는 음식이야기

• 새우젓의 유래

새우는 옛날에는 사이, 사요, 새오 등으로 불렸으며, 한자로 하(鰕) 또는 하(蝦)로 썼다. 새우젓에 대한 기록은 조선 후기 백과전서인『임원경제지(林園經濟志)』중「전어지(佃漁志)」에는 "동해에는 새우와 소금에 담근 것이 없고, 소금에 담가 한국 전역에 흘러넘치게 한 것은 서해의 젓새우이며 속어로 '세하'라 하고, 슴슴하게 말린 것을 '미하(米鰕)'라 한다"고 기록하고 있다. 이렇듯 조선시대는 새우가 많이 잡혀서 젓갈을 담가 전국적으로 많이 소비하였다. 또 다른 기록으로『난호어목지』에는 미리 젓을 담글 독과 소금을 어선에 싣고 출어하여 새우가 잡히는 대로 선상에서 새우젓을 담갔다는 기록이 있고,『세종실록』에는 백하젓, 자하젓 등을 명나라에 진공하였다는 기록도 있다.

식품재료의 모든 것 12월

감기 예방에 좋은 귤

갯벌의 영양을 가득 담은 꼬막

바다의 소고기 참치

숙취 해소에 좋은 홍합

감기 예방에 좋은 귤(Mandarin)

1. 역사이야기

감귤은 운향과의 상록과수로 인도가 원산지이고 중국 양쯔강 상류와 히말라야 동부에서 고대부터 재배했으며 우리나라에서는 제주도와 남해안 일부에서 재배하고 있다.

감귤류의 명칭은 귤(橘), 감귤(柑橘), 밀감(蜜柑) 등으로 불리고 있는데, 감귤이라 함은 금감이나 탱자를 제외한 모든 것을 총칭한 것으로 학술어로는 시트러스(citrus)라 한다. 감귤나무는 탱자나무와 유자나무 등을 접붙여 얻으며 묘목은 3월 하순에서 4월 중순쯤에 심는다. 수확시기에 따라 조생종, 중생종, 만생종으로 나뉜다.

현재 밀감은 온주밀감(溫州蜜柑)을 지칭하며 1911년 천주교 신부가 일본에서 선물받은 것에서 유래되었다. 이는 중국 절강성의 최대 귤 생산지인 온주(溫州)의 이름을 따온 것이다. 감귤의 재래 귤 품종으로는 당유자, 진귤, 병귤, 유자, 청귤, 홍귤, 사두감 등이 있지만 일부 소량 생산되고 대부분은 사라졌다.

귤에는 무기질은 적고 비타민 C가 사과의 8배 이상 함유되어 있어 하루 한두 개만 먹어도 하루 필요 권장량을 충족할 수 있다.

조선시대에는 제주도의 감귤에 대한 많은 기록이 있는데 우선 문조의 짧은 시 〈귤시〉이다. "향나무는 코에만 향긋하고 기름진 고기는 입에만 맛있네. 동절귤을 가장 사랑하니 코에도 향긋하고 입에도 달기 때문이다"라고 기록되어 있으며 『산가요록(山家要錄)』에는 귤나무에 대한 기록과 궁중의 진상품목으로 있었다.

2. 영양과 효능

귤에는 무기질은 적고 비타민 C가 사과의 8배 이상 함유되어 있어 하루 한두 개만 먹어도 하루 필요 권장량을 충족할 수 있다. 비타민 C는 추위를 견딜 수 있도록 신진대사를 원활하게 해주기 때문에 겨울철 감기 예방에 좋으며 과육보다 과피에 더 많이 함유되어 있다. 유기산으로는 구연산(citric acid)을 많이 함유하고 있어 물질대사를 촉진해서 피로를 풀어주고 피를 맑게 해주어 피부미용에도 좋다.

귤의 당은 대부분 과당, 포도당, 설탕이 주성분이며 단맛을 내고, 구연산은 신맛을 내는데 미성숙한 귤일수록 단맛은 적고 신맛이 강하고 점점 익어가면서 당분의 함량이 높아지고 신맛이 줄어드는 경향이 있다. 완숙하였을 경우 당분은 8~10%, 유기산은 1% 내외 정도로 함유되어 있다.

또한 귤에는 헤스페리딘(hesperidin)이라는 비타민 P성분이 30~40mg 함유되어 있어 콜레스테롤의 함량을 떨어뜨리고, 혈관의 저항력을 증가시켜 고혈압을 예방하고, 항염증 효과가 있다.

귤 껍질 말린 것을 한방에서는 '진피(陳皮)'라고 하여 약재나 차로 많이 사용하는데 과육보다 껍질

귤의 당은 대부분 과당, 포도당, 설탕이 주성분이며 단맛을 내고, 구연산은 신맛을 내는데 미성숙한 귤일수록 단맛은 적고 신맛이 강하고 점점 익어가면서 당분의 함량이 높아지고 신맛이 줄어드는 경향이 있다.

에 비타민 C가 3~4배 많이 들어 있어 가래, 기침에 효과가 있으며 진피가 오래된 것일수록 효과가 좋다고 한다. 귤의 속껍질에도 식이섬유가 풍부하여 변비 예방에 좋다.

3. 음식궁합

YES

브로콜리 : 브로콜리에 많이 함유되어 있는 철분이 몸에 흡수되려면 비타민 C가 필요하므로 귤과 함께 섭취하는 것이 좋다.

호두 : 귤과 호두를 함께 섭취하면 면역력 증강에 도움을 주기 때문에 감기 예방에 효과적이며 호두의 텁텁한 맛을 귤이 완화시켜 주므로 맛으로도 궁합이 잘 맞는다.

꿀 : 귤과 꿀을 같이 달여 먹으면 기침이 심한 경우나, 비위가 약한 사람에게 좋다.

살구씨 : 귤 껍질과 살구씨를 같이 먹으면 허약자나 변비환자에게 좋다.

4. 재료이야기

1) 종류

–품종에 따른 분류

- 온주밀감 : 현재의 대표적인 귤, 조금 무른 편이다.
- 만감류 : 교배를 통해 재배된 것으로 한라봉, 천지향, 레드향, 천혜양, 황금향, 청견 등이 있다.

–재배방법에 따른 분류

- 노지 : 일반적으로 밭에서 재배하는 방법
- 하우스 : 비닐하우스를 설치하고 난방을 하여 재배하는 것으로 출하시기를 앞당길 수 있고 수분량을 조절하여 당도가 높다.

- 비가림 : 비닐하우스를 하나 난방은 하지 않고 재배하는 것으로 '비를 가려서 재배한다'는 뜻으로 당도가 높다.
- 타이벡 : 일반적인 노지와 같으나 바닥에 타이벡이란 필름을 깔아 수분을 조절하여 당도를 높인 것이다.

2) 재료 구입법

일반 온주밀감의 경우 껍질이 얇고 황등색을 띠면서 표면은 우둘투둘하면서 탱글탱글하고 껍질과 알맹이가 따로 분리된 느낌이 드는 것은 피하고 중간 크기의 것이 좋다.

출하시기에 따라 나오는 귤의 종류가 다르다. 5월에는 하우스귤로 노지귤이 출하되기 전 9, 10월까지 나온다. 노지귤의 경우 10월 중순에 극조생귤을 시작으로 11월 중순 이후 조생귤, 12월에 중만생귤, 1, 2월에 비가림귤과 레드향, 천혜향, 한라봉 등이 2, 3월까지 나오고 2월 하순부터 4월 중순까지 청견, 바로 이어 진지향 등이 출하되어 일 년 내내 귤을 맛볼 수 있다.

3) 재료 보관법

귤은 상온에서 보관하거나 냉장보관할 수 있는데 3~4℃의 온도에서 보관하면 당도는 떨어지지만 장기간 보관이 가능하므로 냉장보관한다. 냉장보관 시에는 먹기 전에 미리 꺼내 상온에서 먹는 것이 단맛을 더 느낄 수 있어 좋다. 실온 보관할 때에는 종이상자에 무더기로 쌓아놓으면 상하기 쉬우므로 흩어놓고 신문지 등으로 덮어 통풍이 되게 하여 서늘한 곳에 보관하는 것이 좋다.

5. 맛있는 조리방법

- 귤물김치 : 배추와 무를 나박 썰어 소금에 살짝 절이고 미나리, 홍고추, 마늘, 생강은 곱게 채 썰고 귤의 속을 알알이 떼어 모두 섞어서 만든다.

귤물김치

- 귤병편 : 귤 껍질을 얇게 저며 곱게 채 썰어 설탕에 조린 뒤 멥쌀가루에 섞어 켜켜이 고물을 얹어 시루에 찐다.
- 감귤양갱 : 한천을 물에 불려 약불에서 녹인 다음 귤즙과 설탕, 녹말가루를 넣고 끓여서 모양틀에 부어 굳힌다.
- 밀감화채 : 밀감은 알맹이를 알알이 떼어내고 설탕에 약간 재웠다가 꿀물이나 오미자 국물에 띄워 마신다.

이것이 궁금해요?

Q 귤 껍질을 사용하는 방법에는 뭐가 있을까요?

A 첫 번째로 차를 만들 수 있는데 소금과 식초로 깨끗이 씻어 과육은 먹고 껍질만 채 썰어 말려두었다 차로 끓여 마실 수 있다. 두 번째로는 설탕에 절여 떡이나 빵 등에 넣을 수 있다. 세 번째로는 껍질에 비타민 C가 풍부하므로 손이나 발꿈치 등에 문질러 마사지하여 피부를 매끄럽게 할 수 있고, 망에 담아 욕조에 넣어 반신욕을 하면 스트레스 해소에 좋다. 또한 귤 껍질에는 천연표백제 성분이 있어 귤 껍질 끓인 물에 빨래를 삶으면 하얗게 된다.

재미있는 음식이야기

• 조선시대 감귤이야기

귤이 지금은 제주도 주민의 주 생산품으로 일반 사람들이 맛볼 수 있지만, 예전에는 백성들의 고혈을 짜내는 애물단지였다. 고려 이전에는 탐라가 이웃나라에 바치는 조공품으로, 조선시대에는 조정에 바치는 진상품으로 각광받았다. 『조선왕조실록』에는 감귤을 "고려 이전부터 해마다 나라에 바쳐지던 제주의 특산물 감귤은 종묘제사를 지내고 빈객을 접대하는 데 그 쓰임이 매우 중요하다"라고 기록되어 있다. 『동의보감』에도 귤 껍질은 횡격막에 뭉친 기를 치료하고 가래, 침을 삭히며 구역질을 멎게 하지만 제주도에서만 생산되고 그 쓸모가 귀해 왕족, 관리들만 먹었던 것으로 조정에서 엄격히 관리했다는 기록이 있다.

조선시대에는 귤의 도난을 막고 재배를 권장하기 위해 다섯 방호소에 과원을 설치하고 군사를 두어 지키게 했고, 관리들로 하여금 매년 심고 접붙이며 해마다 그 수를 조사하여 보고하도록 했는데 여름에 피는 꽃의 수를 세어두었다가 그대로 거둬들이거나 많이 생산된 해를 기준으로 거둬들이다 보니 부족분을 보충하기 위해 일반 백성의 것을 빼앗는 일이 벌어졌다. 매년 감귤이 진상되는 시기에는 성균관과 사학 유생을 대상으로 열린 특별한 황감제(黃柑製)라는 과거시험이 있었는데 일반 과거와 달리 1명만을 선발, 단 1차례로 관직이 주어지는 특급 이벤트로 참여유생들에게 귤을 나누어주며 귀한 과일의 진상을 축하하는 행사가 있었다.

갯벌의 영양을 가득 담은 꼬막(Cockle)

1. 역사이야기

꼬막은 사새목 돌조개과에 속하며 고막, 고막조개, 안다미조개 등으로 불린다. 한자로는 여러 가지 별칭이 있는데 맛이 달아 감(蚶) 또는 감합(甘蛤), 껍질이 기와지붕의 용처럼 생겨서 와룡자(瓦龍子) 또는 와옥자(瓦屋子), 액체를 담는 주머니 같다 하여 괴합(魁蛤) 등이 있다. 한국, 일본, 인도양, 서태평양에 분포하며 우리나라에서는 전남 보성, 벌교, 충무, 순천 일대가 주요 산지이다. 그중 벌교 지역에서 생산되는 꼬막이 전국 생산량의 60%를 차지할 정도로 꼬막 원산지로 유명하다.

꼬막의 모양은 방형에 가깝고 껍질에 17~18줄 정도의 줄이 있으며, 껍질의 안쪽은 흰색이고 살은 붉은색이다. 수심 10m까지의 진흙바닥에 살며 7~10월이 산란기이고 11~3월 사이 겨울이 제철이다.

정약전이 저술한『자산어보』에는 고막이라 하여 크기는 밤만 하고 껍질은 둥글며 살이 노랗고 맛이 달다고 하였고, 조선시대의 인문지리서인『동국여지승람(東國輿地勝覽)』에는 꼬막이 전라도의 특산품으로 기록되어 있다.

꼬막은 고단백, 저지방의 알칼리식품으로 소화와 흡수가 잘되어 병후 회복식이나 노약자의 영양식으로도 좋은 식품이다.

전라도 벌교의 참꼬막은 옛날부터 유명했던 것으로 모래가 섞이지 않은 갯벌에서 자란 참꼬막은 제사상에도 반드시 올렸을 정도로 즐겨 먹었다. 살짝 익혀 초고추장에 찍어 먹는 꼬막회는 지금도 맛 좋은 향토음식으로도 유명하다.

2. 영양과 효능

꼬막은 고단백, 저지방의 알칼리식품으로 소화와 흡수가 잘되어 병후 회복식이나 노약자의 영양식으로도 좋은 식품이다. 단백질에는 필수아미노산이 풍부하고 무기질, 비타민이 풍부하여 성장기 어린이 발육에 좋고, 붉은색의 헤모글로빈에 철분이 함유되어 있고 비타민 B_{12}가 있어 빈혈 예방에 좋고, 조혈강장제로 자주 먹으면 혈색이 좋아지는 식품이다. 다른 해산물과 달리 조갯살에 당의 저장형태인 글리코겐이 함유되어 있어 단맛이 난다.

꼬막은 타우린(taurine)과 베타인(betaine) 등이 풍부하여 혈중 콜레스테롤을 감소시키고 간의 독성을 해독하고 숙취를 해소하는 능력이 뛰어나 술안주는 물론 숙취해소에 좋다. 특히 베타인성분은 과음으로 인해 지방간이 쌓이는 것을 효과적으로 차단하는 역할을 한다. 또한 순환기 계통의 성인병을 예방하고 꼬막에 함유된 리보핵산(ribonucleic acid)은 정자의 머리부분을 강화시켜 준다.

꼬막은 당뇨병 예방과 눈 건강에 좋으며 철분과 아연은 미각장애 개선에 효과가 있다.

꼬막은 타우린(taurine)과 베타인(betaine)등이 풍부하여 혈중 콜레스테롤을 감소시키고 간의 독성을 해독하고 숙취를 해소하는 능력이 뛰어나 술안주는 물론 숙취해소에 좋다. 또한 순환기 계통의 성인병을 예방하고 당뇨병 예방과 눈 건강에 좋으며 철분과 아연은 미각장애 개선에 효과가 있다.

3. 음식궁합

YES

마늘 : 꼬막요리에 마늘을 넣으면 비린내 제거에 도움이 되며 마늘의 알리신(allicin)성분이 꼬막의 비타민 B_1과 만나면 알리티아민(allithiamine)이라는 물질을 생성되는데 이것이 기력회복과 피로회복에 아주 좋다.

미나리 : 꼬막에는 간의 독성을 해소시켜 주는 성분들이 있는데 미나리와 같이 먹으면 그 영양이 배가되어 좋다.

4. 재료이야기

1) 종류

- 참꼬막 : 껍질에 패인 골의 수가 20개이고 모양이 둥글고 표면에 털이 없다. 꼬막 중 가장 맛이 좋은 참꼬막은 고기살은 노랗고 맛이 달면서 다른 것과 달리 양식되지 않는 순수 자연산 어패류로 가격도 새꼬막의 3~4배 정도 된다. 그만큼 육질이 탱탱하고 쫄깃하며 맛이 월등하다.
- 새꼬막 : 껍질에 패인 골의 수가 30~34 개이고 길이가 5cm 정도로 작으며 껍질이 좀 흰 편이고 가장자리에 털이 붙어 있어 털복숭이 같다. 참꼬막보다 맛이 떨어져서 똥꼬막이라고도 하며 주로 삶아서 양념해서 먹는다.
- 피꼬막 : 껍질에 패인 골의 수가 42개 정도로 크기가 20cm 정도로 크다. 조갯살에 헤모글로빈이 함유되어 있어 붉은색을 띠고 발라내면 피가 배어나와 피조개라고도 한다. 피조개는 양식한 것이 자연산보다 맛이 뛰어나서 양식한 것이 자연산보다 세 배 정도 더 비싸다.

2) 재료 구입법

꼬막은 살이 붉은 것이 쫄깃하고 담백한 맛을 낸다. 여름철 산란기를 지나 찬바람이 불기 시작하는 11월부터 제맛을 발휘해서 봄철 알을 품기 전까지가 가장 맛이 좋다. 꼬막은 종류가 다양하지만 그중에서 참꼬막이 달고 맛있어 제일로 친다. 꼬막은 냄새가 나지 않고, 빛깔이 윤기가 있는 것이 좋다. 또 만져서 움직이고, 껍질이 깨지지 않으면서 울퉁불퉁하고 물결무늬가 있는 것이 좋다. 환경이 나쁜 꼬막은 껍질이 두껍고 거무스름하다.

3) 재료 보관법

꼬막은 상하기 쉽기 때문에 구입한 즉시 한번에 조리하는 것이 가장 좋다. 그렇지 못할 경우에는 알맞게 꼬막을 삶아서 껍질째 냉동보관하거나, 꼬막살만 사용하여 요리하려면 냉동보관하기 전에 미리 살을 발라두는 게 좋다. 익혀서 보관하면 열흘 정도 냉동보관이 가능하며 마트에서 구하는 해감 꼬막은 물을 빼지 않은 상태로 2~3일 정도 냉장보관할 수 있다.

5. 맛있는 조리방법

- 꼬막채소무침 : 삶은 꼬막살에 양배추, 미나리, 오이, 당근 등을 채 썰어 넣고 간장, 고춧가루, 설탕, 식초, 마늘, 깨소금, 참기름 등의 양념장에 버무린 다음 소면과 함께 담아낸다.
- 꼬막꼬치구이 : 삶은 꼬막살과 마늘을 꼬치에 가지런히 꽂아 간장, 청주, 설탕, 생강, 물을 끓여 걸쭉하게 한 양념장을 꼬치에 발라가며 3~4회 굽는다.
- 꼬막밥 : 쌀에 물을 넣고 밥을 하다가 끓으면 꼬막살을 넣고 뜸을 들여 양념장을 곁들인다.
- 꼬막양념 : 끓는 물에 꼬막을 넣고 입이 벌어지면 꺼내서 꼬막이 들어 있는 껍질 쪽에만 양념간장을 되직하게 만들어 조금씩 얹는다.

꼬막양념

이것이 궁금해요? Q&A

Q 꼬막을 해감하는 방법과 맛있게 익히는 방법은요?

A 꼬막은 갯벌에서 자라 뻘흙이 많이 묻어 있으므로 물을 갈아가며 박박 문질러 씻은 후 소금물에 담가 검은 봉지를 덮어 해감시킵니다. 꼬막을 삶을 때는 끓는 물에 소금을 약간 넣고 꼬막을 넣어 한 방향으로 저어가며 삶는데 꼬막의 입이 한두 개 벌어질 때 건져냅니다. 삶은 후 입을 벌리지 않은 꼬막은 뒤꼭지 부분에 숟가락을 넣고 비틀면 쉽게 껍질을 벗길 수 있습니다. 삶은 꼬막은 껍질을 벗겨 살을 다시 물에 씻는데 삶아낸 물의 뻘흙을 가라앉혀 웃물을 받아두었다가 꼬막살을 씻으면 물에 씻는 것보다 맛이 좋습니다. 너무 오래 삶으면 살이 질겨지고 꼬막은 살짝 익혀야 제맛이 나므로 주의해야 합니다.

재미있는 음식이야기

• 소설 『태백산맥』 속 '벌교 꼬막'

낙안군에는 작은 강 하나가 흐르고 있었는데, 그 강이 바다와 만나는 곳에 아주 작은 마을 하나가 있었다. 그런데 마을 사람들이 강에 다리가 없어 불편함을 느껴서 목재와 대나무를 엮어서 뗏목 모양으로 만들고 그것을 강에 걸쳐서 다녔다. 그런데 어느 비가 많이 온 날, 강에 걸쳐 둔 다리가 흔적도 없이 사라진 것이었다. 사람들은 다리가 강물에 휩쓸려갔거니 하고 생각하고 또 다리를 만들었다. 그런데 다리를 만들면 어김없이 또 다리가 사라져 있었다. 그때는 이미 비가 그치고 물도 많이 빠진 후였는데 말이다. 그런데 마침 지나가던 어느 선비가 마을사람들에게 "강가에 웬 조개들이 많이 흩어져 있는 걸 봤다"고 말했다. 그래서 마을사람들이 강가로 나가봤더니, 진짜로 조개들이 많이 있는 것이다. 하지만 사람들은 대수롭지 않게 여겼고, 아예 전국에서 손꼽히는 장인들을 불러 돌다리를 시공하게 된다. 그리고 1달이 지났을까, 어느새 강에는 크고 아름다운 다리가 완성되어 있었다. 그러나 다음날 전에 강가에서 보았던 그 조개들이 돌다리를 뜯어먹고 있었다. 그렇게 마을사람들과 꼬막의 사투는 시작되었다. 후에 조선이 멸망하고 나서 왜놈들이 한반도를 점령했는데, 이 마을에 아주 힘세고 강한 '꼬막'이라는 조개가 산다는 이야기를 듣고 왜놈들도 꼬막을 약탈해서 자국의 무기로 사용하기 위해 이 마을에 들어와 살게 되었다. 왜놈들은 꼬막을 거래하기 위한 수산시장, 꼬막을 파는 상인들에게 세금을 뜯어내기 위한 세무서, 꼬막을 왜국으로 수탈해 가기 위한 항구와 철도 등을 지었다. 그 후 왜놈들은 "이 모든 것은 뗏목으로 만든 작은 다리 하나에서 시작되었다"면서 마을 이름을 '뗏목 벌'자에 '다리 교'자를 써서 벌교(筏橋)라고 지었다.

바다의 소고기

참치(Tuna)

1. 역사이야기

농어목 고등어과에 속하는 바닷물고기로 다랑어라고 한다. 종류로는 참다랑어, 날개다랑어, 눈다랑어, 황다랑어, 가다랑어 등이 있고 그중 참다랑어를 참치라 하는데 현재는 거의 대부분의 다랑어를 참치라 부르고 있다. 참치는 어류 중에서 크기가 큰 것으로 북대서양에 서식하는 것은 길이가 3m, 무게가 560kg에 달하고 근육에 붉은 혈색소가 많아 생선임에도 붉은색을 띠고 있다. 참치는 회유성 어족으로 북극해와 남극해를 제외한 전 세계 바다에서 서식하고 있는데 열대성, 온대성, 연안성 다랑어로 나뉜다. 봄철과 여름철에는 북쪽으로, 가을철에는 남쪽으로 이동하고, 산란기인 4~6월에는 대만 근해, 8월에는 우리나라 동해 근처에서 산란한다. 해수면 가까이 다니며 멸치, 꽁치, 청어 등 무리지어 다니는 어류를 먹이로 하고 새우나 게, 오징어 해파리 등을 먹기도 하여 바다 먹이사슬의 위에 있다.

철(Fe)을 포함한 무기질이나 티아민(B_1) 등의 비타민도 닭고기나 쇠고기 못지않게 풍부하며, 지방 함량이 적어 비만, 고혈압, 당뇨병 환자에게 좋은 식품이다.

특히 일본 사람들이 좋아하는 생선 중 하나로 마구로라 하는데, 눈이 검다는 뜻의 '구로'와 붉은 속살이 검게 변색되기에 '마'가 합쳐진 말이다.

2. 영양과 효능

참치의 단백질 함량을 다른 생선과 비교해 보면 참치가 24.3%, 참치 통조림이 28.7%로 단백질의 함량이 높을 뿐만 아니라 쇠고기의 22.8%, 닭고기의 20.7%보다도 훨씬 높은 단백질 함량을 갖고 있다. 또한 철(Fe)을 포함한 무기질이나 티아민(B_1) 등의 비타민도 닭고기나 쇠고기 못지않게 풍부하며, 지방함량이 적어 비만, 고혈압, 당뇨병 환자에게 좋은 식품이다.

등푸른 생선인 참치는 성인병을 예방하는 식품으로 알려졌는데 이는 생선류 중 불포화지방산인 DHA(docosahexaenoic acid)와 EPA(eicosapentaenoic acid) 함량이 높아 동맥경화나 고혈압, 심장병 같은 심혈관계 질환을 예방하기 때문이다. 참치의 뱃살과 눈 주위에 EPA, DHA의 양이 가장 많이 함유되어 있다. 또한 비타민과 철분, 타우린이 풍부하게 함유되어 있어 아이의 두뇌성장과 학습능력을 향상시키기 때문에 임산부의 태아 두뇌발달에 좋다.

또한 미량원소인 셀레늄(selenium)이 많아 동맥경화, 노화방지에 효과가 있다. 그러나 참치를 통조림으로 만들면 기름이 유출되어 버리므로 신선한 생선에 비하여 DHA나 EPA의 함량이 줄어든다. 이를 보완한 것이 DHA 첨가 참치 통조림으로 다랑어의 눈이 있는 부분의 기름을 정제해서 뽑아 첨가하여, 살코기 100g당 DHA 함량을 통조림에 첨가해 원래의 300mg 정도로 복원시켜 가공하였다.

참치의 뱃살과 눈 주위에 EPA, DHA의 양이 가장 많이 함유되어 있다. 또한 비타민과 철분, 타우린이 풍부하게 함유되어 있어 아이의 두뇌성장과 학습능력을 향상시키기 때문에 임산부의 태아 두뇌발달에 좋다.

3. 음식궁합

YES	**생강 :** 참치를 회로 먹을 때 생강과 함께 먹으면 생강의 살균작용이 날 회로 인한 소화문제를 예방해 줄 수 있어 궁합이 좋다. **무 :** 참치의 지방산화를 막아주는 무와 잘 맞는다. **표고버섯 :** 비타민 D 흡수를 돕는 표고버섯과 찰떡궁합을 이룬다.
NO	**레몬 :** 참치의 신선도를 떨어뜨릴 수 있다.

4. 재료이야기

1) 종류

-참치 종류별

- 참다랑어 : 참치류 중 가장 크며 등 쪽에 진한 청흑색을 띠고 배 쪽에 황색, 은백색을 띤다. 4~7월 중순까지 어획량이 가장 많으나 4~6월에 잡힌 것을 상품으로 친다.
- 남방다랑어 : 지방질이 많아 고급참치로 초밥에 많이 사용되고 참다랑어보다 어체가 작다.
- 눈다랑어 : 참치류 중 크기가 중형에 속하며 어획량이 가장 많은 종류이다. 근육색소가 황다랑어보다 많아 변질되기 쉽다.
- 황다랑어 : 맛이 담백한 것이 특징이고 껍질의 일부가 황색이어서 황다랑어라 부른다.
- 날개다랑어 : 소형 참치로 전 세계에 널리 분포되어 있으며 가슴 지느러미가 현저히 길다.
- 가다랑어 : 전 세계 어장에 광범위하게 분포되어 있으며 횟감, 양념, 통조림 등에 이용한다.

–참치 부위별

- 대뱃살(오도로) : 배쪽 살로 지방분이 풍부하며 살이 부드럽고 윤기가 흘러 고소한 맛과 녹는 듯한 식감으로 가장 비싼 부위이다. 배꼽살(가마도로)이라 하여 대가리 바로 뒤의 뱃살을 따로 구분하여 그대로 사용한다.
- 중뱃살(주도로) : 중간 뱃살로 불포화지방산이 고르게 분포되어 있어 맛이 좋다.
- 등지살(세도르) : 참치 중간뱃살과 등살 사이의 부위이다
- 속살(아카미) : 참치의 속살 부위로 마치 나무의 나이테처럼 둥근 결이 있으며 선명한 붉은색을 띠고 있다.
- 참치 부산물로는 참치 눈과 내장류가 있다.

2) 재료 구입법

참치는 눈이 선명하고 배를 눌러보았을 때 탄력성이 있으며 표면의 색이 광택이 나며 비늘이 밀착되어 있는 것을 고른다. 참치는 겨울철에 제맛이 나고 여름에는 맛이 떨어진다. 토막내어 파는 참치를 고를 때는 대체로 줄무늬를 보고 구입하면 된다. 가장 좋은 것은 세로로 나란히 평행하거나 사선줄무늬가 있는 것이다. 반원으로 들어 있거나 줄 사이의 간격이 좁은 것은 꼬리에 가까운 것이므로 피하는 것이 좋다. 또한 붉은색 반점이 있는 것도 피하는 것이 좋다.

3) 재료 보관법

참치는 혈액을 가득 담고 있기 때문에 부패속도가 빠른 편이다. 따라서 신속히 처리하여 급속냉동시켜야 하는데 –70℃로 급랭하여 유통해야 맛과 색의 신선한 상태를 유지할 수 있다. 냉동참치를 구입했을 경우 한번 먹을 만큼씩만 랩으로 밀봉하여 냉동보관한다.

5. 맛있는 조리방법

- 참치김밥 : 김 위에 밥을 얇게 펴고 냉동참치와 채소, 단무지를 넣고 김밥처럼 만다.
- 참치비빔밥 : 참치를 깍둑썰기하여 참기름과 섞어 두고 각종 채소를 채 썰어 밥 위에 얹어서 초고추장과 함께 낸다.
- 참치초밥 : 고슬고슬하게 지은 초밥 위에 와사비를 올리고 도톰하게 포를 뜬 참치를 올려 간장을 곁들여 낸다.
- 참치샐러드 : 프라이팬에 겉만 구운 참치를 슬라이스하여 여러 가지 채소 위에 올려 참깨소스를 얹거나 간장소스를 뿌린다.

참치김밥

이것이 궁금해요?

Q 냉동참치를 신선하게 해동하는 방법으로는 어떤 것이 있나요?

A 냉동참치 해동방법으로 식염해동법, 유수해동법 등이 있습니다. 식염해동법은 물 온도 18~25℃, 4~5% 식염수에 냉동참치를 넣어 5분 정도 두었다가 천에 싸서 냉장고에 3시간 정도 해동시키는 것으로 삼투압작용을 이용하여 영양 손실이 없고, 참치 특유의 맛과 색을 살리면서 맛을 증가시켜 줄 수 있어요. 유수해동법은 흐르는 물에 참치를 10~30분간 담그고 물의 온도는 20℃ 이하로 유지하며 해동시키는 방법으로 영양분의 손실(Drip현상)이 많은 단점이 있어요. 손질한 참치를 냉장 보관할 때에는 토막낸 참치의 경우 금속성이 아닌 그릇에 랩이나 깨끗한 천으로 모든 면을 잘 덮어 수분이 증발되지 않도록 하고 2일 이상 두지 않습니다.

재미있는 음식이야기

• 참치 이름과 참치 캔의 유래

참치의 공식 이름은 다랑어로 몸통의 줄무늬가 다랑논과 비슷해서 다랑어라 부르게 되었다고 한다. 참치라는 명칭은 동원산업에 의하면 1957년 참치가 국내에 처음 소개 되었을 때 '진(眞)치'라 하였는데 치는 갈치, 꽁치, 삼치처럼 맛있는 생선에 붙여지는 것이고 '진짜 좋은'의 뜻으로 '진'을 붙여 '진치'라는 이름으로 불리다가 시간이 흐르면서 '진'에서 '참'으로 바뀌어 참치가 된 것이라고 한다.

일본에서는 참치를 최고급 회로 여겨 어시장 경매에서 좋은 참치를 얻기 위해 수억 원의 돈을 투자한다. 본래 참치는 빨리 상해서 고양이도 먹지 않는 생선이었지만 제2차 세계대전 이후 냉장기술이 발달하면서 소고기와 비슷한 참치가 인기를 얻게 되었다.

우리가 지금 많이 먹고 애용하는 참치 캔은 일본에서 만들어진 것이 아니라 일찍이 수산가공업이 발달한 노르웨이에서 훈증한 참치를 유리병에 담아 유통한 것이 시초가 되었다고 한다.

숙취 해소에 좋은 홍합(Mussel)

1. 역사이야기

홍합은 이매패강 담치목 홍합과에 속하는 조개류로, 색이 다른 조개와 달리 붉은색을 띠어서 홍합(紅蛤)이라 하고 다른 이름으로 담치, 섭, 각채 등으로도 불린다. 말린 홍합살이 다른 바다에서 나는 것에 비해 짜지 않고 채소처럼 담백하다 해서 '담채(淡菜)'라고도 한다. 『규합총서』에는 "바다에서 나는 것은 다 짜지만 유독 홍합만 싱거워 담채(淡菜)라 하고 동해부인이라고도 한다"라고 기록되어 있으며 『본초강목』에는 '각재', '해폐', '동해부인(東海夫人)', '담채(淡菜)' 등이라 하였다.

홍합은 암초에 무리 지어 자라는데 접착성이 강한 실처럼 생긴 족사(足絲)를 이용하여 바위에 붙어살며 우리나라 전 해안이나 중국의 북부, 일본 등지에 서식한다. 홍합이 대체적으로 붉은색을 띠지만 암수가 구별되는데 암컷이 붉은색을 띠고 수컷은 흰색을 띠며, 암컷이 맛이 좋다고 한다.

현재 시중에 나오는 홍합은 사실 대부분이 진주담치로 외항선의 배 밑에 붙어 우리나라로 유입된 외래종으로 번

간 독소를 풀어주고 간기능을 활성화시켜 기능을 좋게 해주는 타우린(taurine) 함량도 풍부하다.

식력과 환경적응력이 강해 바다 대부분을 차지하고 양식되고 있다. 토종홍합을 참담치라 하고 외래종을 진주담치 또는 지중해담치라 하는데 대부분 구분하지 않고 홍합으로 유통되고 있다. 토종 홍합은 크기가 14cm 정도로 육질이 크며 맛이 좋고 껍질에 부착생물이 많이 붙어 있어서 지저분한 반면 진주담치는 길이 7cm 정도에 껍질이 깨끗한 편에 맛이 토종홍합보다 떨어지지만 양식이 쉬워 많은 양이 유통되고 있다.

늦겨울부터 봄 사이가 제철이고 늦봄에서 초여름 사이가 산란기로 맛이 떨어지며 삭시토신(saxitoxin)이라는 독이 있어 먹지 않는 것이 좋다. 주로 자연산 홍합에서 나타나며 진주담치의 경우 대부분 양식으로 독성이 비교적 없는 편이나 주의해야 한다.

2. 영양과 효능

홍합은 고단백식품이며 비타민과 무기질이 풍부한 천연 영양식품으로 간과 신장의 기능을 돕고 신진대사를 활발하게 하여 체력을 보충하여 준다. 또한 비타민 C와 비타민 E가 풍부하여 노화방지에 좋고, 프로비타민 D의 함량이 높아 골다공증 예방에도 좋다. 불포화지방산을 함유한 타우린(taurine) 함량이 높아 심혈관계 질환을 예방하고 숙취해소에도 효과가 있다.

특히 부인병에 효과가 좋은데 산후조리나 부인들의 자궁출혈, 대하증상이 오래갈 때도 효과가 좋다. 다른 해산물에 비해 짜지 않고 홍합에 있는 칼륨이 체내 나트륨 배출에 효과가 있어 성인병 예방에도 좋다.

흔히 홍합을 말려서도 쓰는데, 홍합을 건조하면 100g에 단백질 함량이 59g으로 높아지며 말리는 동안 단백질이 일부 분해되어 아미노산이 되면서 맛이 좋아지고 소화흡수도 잘된다고 한다. 두뇌영양과 피로회복에 도움을 주는 타우린도 말린 것이 생홍합보다 2배 이상 높아져 말린 홍합에 영양이 농축되어 있다.

3. 음식궁합

YES

바지락 : 홍합과 바지락에는 모두 조혈(造血)성분이 있는데 이 영양소가 서로 만나 상승작용을 일으켜 빈혈치료에 도움이 된다.

무청 : 홍합과 무청을 같이 섭취하면 빈혈에 효과적이다. 풍부한 섬유질을 함유하고 있어 다이어트에도 도움이 된다.

육류 : 허약하고 성장이 잘 안 되고 빈혈이 있는 어린이에게 좋다.

4. 재료이야기

국내산은 크게는 토종홍합인 참담치와 지중해 지역에서 유입된 진주담치로 나눌 수 있고 수입산은 초록빛이 나는 그린홍합으로 뉴질랜드산이 있다.

1) 종류

- 참담치: 길이 14cm, 높이 8cm 정도 크기로 장란형이고 껍질이 두껍고 껍질 안쪽은 진주광택을 띤다. 수심이 깊고 물이 맑고 파도가 센 곳에서 자생하므로 양식이 어렵고 족사로 단단히 붙어 있어 채취도 어렵다.
- 진주담치: 지중해 담치라고도 하며 외래종으로 길이 7cm, 높이 8cm의 장란형으로 껍질이 얇고 표면이 매끄럽고 깨끗하며 안쪽에 진주광택이 없다. 번식력이 좋아 양식으로 대량생산된다.

2) 재료 구입법

제철인 겨울에 구입하는 것이 좋으며 홍합의 껍질이 파손되지 않은 상태가 싱싱한 것이다. 입이 벌어져 있지 않고 수염(족사)이 붙어 있는 것이 손질하기는 어렵지만 싱싱하게 보관할 수 있다. 홍합 암컷은 색이 붉은 편이며 맛이나 향이 좋아 식용으로 좋으며, 반면 수컷은 색이 흐린 편이다.

3) 재료 보관법

껍데기가 붙어 있는 신선한 홍합은 여름이면 냉장실에서 1~2일 정도, 겨울철에는 3일 정도 보존이 가능하며 공기가 통하지 않게 밀봉하여 보관한다. 냉동할 경우 껍질째 냉동하면 입이 벌어지고 살이 껍질에 달라붙어 마르기 쉬우므로 껍질을 제거하고 손질하여 한번 먹을 만큼씩 소포장하여 냉동한다. 냉동실에 두었어도 1개월 이내에 먹어야 하며 조리할 때는 해동시키지 말고 그대로 가열해서 먹는 것이 좋다.

5. 맛있는 조리방법

- 섭죽 : 강원도의 향토음식으로 쌀을 불려 홍합과 감자 등을 넣고 고추장을 풀어 1시간 정도 끓인 후 풋고추와 양파를 넣고 한소끔 끓여낸다.
- 홍합초 : 생홍합은 끓는 물에 데치고, 간장에 파, 마늘, 생강을 편으로 썰어 조리다가 설탕과 꿀을 넣고 조린 다음 홍합 데친 것을 넣고 한소끔 조린 후 참기름을 두른다.
- 홍합밥 : 홍합을 잘게 썰어 쌀과 함께 밥을 지어 양념장에 비벼 먹는 것으로 울릉도의 향토음식이다.
- 홍합부추전 : 홍합은 끓는 물에 데치고 부추와 풋고추는 송송 썬다. 밀가루와 물, 고추장을 섞어 부추와 풋고추, 홍합을 넣고 팬에 기름을 둘러 한 수저씩 지진다.
- 홍합미역국 : 홍합은 약한 소금물에 씻은 후 흐르는 체에 밭치고, 미역은 찬물에 담가 불린다. 냄비를 달궈 참기름을 두르고 다진 마늘과 불린 미역을 볶다가 물과 홍합을 넣고 끓인다. 미역국이 끓어오르면 소금과 국간장으로 간을 맞춰 한소끔 더 끓인다.

홍합초

이것이 궁금해요?

Q 홍합에 붙어 있는 수염은 무엇이고 어떻게 손질하나요?

A 홍합은 바닷속 암초 사이에 붙어서 서식하므로 접착성이 강한 단백질성분의 섬유 형태인 족사를 만들어 바위에 강하게 붙어 산다. 자연산 홍합일 경우 접착력이 강해 손으로 떼어내기 힘들 정도로 강하다. 손질할 경우 진주담치는 족사부분이 약해 손으로 잡아당겨 떼어낼 수 있으나 족사가 강하거나 자연산 홍합인 경우 가위로 잘라내면 속살이 상하지 않게 손질할 수 있다.

재미있는 음식이야기

• 홍합을 이용한 향토음식이야기

통영에서는 햇볕에 말린 가장 알이 실한 홍합을 5개씩 꼬치에 꿰어놓은 것을 '오가재비(오가잽이)', 그다음 크기를 10개씩 꿰어놓은 것을 '동가재비', 나머지 작은 홍합은 말로 판다고 해서 '말합'이라 불렀고, 홍합을 삶을 때 나오는 국물을 조려 합자젓국을 만들어 나물이나 국을 끓일 때 조미료로 사용하였다. 또 강원도에서는 토종 홍합을 '전보', 해삼보다 귀해 '동해부인' 또는 '섭'이라고 불렀다. 강원도에서는 이 홍합을 이용해서 섭국, 섭칼국수, 섭죽 등을 끓여 먹었다. 현재 홍합의 70% 이상을 생산하는 홍합 주산지 창원에서는 홍합잡채, 홍합밥, 홍합미역국 등 홍합을 이용한 음식을 쉽게 볼 수 있다.

식품재료의 모든 것

주요 식재료

노약자의 원기회복제 **닭고기**

비타민 B_1이 풍부한 **돼지고기**

노약자의 원기회복제 닭고기 (Chicken)

1. 역사이야기

닭고기는 꿩과에 속하는 닭의 살코기로 원산지는 동남아시아로 들닭(野鷄)을 길들여 가축화하였다. BC 2500년경 인더스 문명에서 닭을 사육하였으며, BC 1700년경 동남아시아에서 중국으로 전래되었다. 우리나라에서도 신석기 유적지에서 닭의 뼈가 출토되고 고구려 사신도나 무용총, 백제의 금동대향로에 꼬리가 긴 닭의 모습이 있는 것으로 보아 오래전부터 식재료로 사용되어 왔을 것으로 추측한다.

현재 닭은 토종닭과 육계로 나뉘는데 토종닭의 경우 조선시대부터 길러온 품종이라기보다 일제강점기 이후 유입된 서양의 다양한 품종이 기존의 닭과 교배되어 7세대 이상 살면서 토착화된 것을 말한다.

"사위가 오면 씨암탉을 잡는다"는 말이 있듯이 닭 중에서 알을 낳는 씨암닭을 대접하는 것은 귀한 손님을 극진히 대접한다는 뜻으로 닭이 귀한 식재료로 사용되었음을 알 수 있다.

닭은 나는 산삼이라 해서 비삼(飛蔘)이라고도 하는데, 우리나라 닭이 특히 품질이 좋아 『본초강목(本草綱目)』에는 중국 사람들이 한국까지 가서 약용할 닭을 구해왔다는 기록이 있다.

육계의 경우 백숙용으로 영계와 튀김용의 브로일러로 나뉜다. 영계의 경우 연하고 작은 닭을 선호하여 부화한 지 4~8주 정도 된 병아리를 말하고, 브로일러는 8~10주 정도 자란 것을 말한다. 이와 별도로 알을 낳는 산란계도 있다.

닭은 나는 산삼이라 해서 비삼(飛蔘)이라고도 하는데, 우리나라 닭이 특히 품질이 좋아『본초강목(本草綱目)』에는 중국 사람들이 한국까지 가서 약용할 닭을 구해왔다는 기록이 있다.

2. 영양과 효능

닭고기는 고(高)단백, 저(低)지방으로 돼지나 소고기처럼 기름이 근육 속에 있지 않아 맛이 담백하고 소화흡수가 잘되는 단백질식품이다. 단백질 중 필수아미노산이 풍부하고 그중 메티오닌(methionine)은 소고기의 5배에 달한다.

흔히 운동을 하여 근육을 키우거나 다이어트를 할 때는 닭 가슴살을 많이 섭취하는데 닭 가슴살 단백질은 100g당 23.3g으로 다른 육류인 쇠고기(20.1g)와 돼지고기(17.3g)에 비해 단백질 함량이 높고, 지방 함량이 낮아 열량이 낮기 때문이다.

닭고기의 지방은 2/3 정도가 주로 올레산과 팔미트산, 리놀레산 등의 불포화지방산으로 동맥경화를 예방하는 효과가 있다.

닭 날개에는 연골이 많고 지방이 적당해 독특한 감칠맛이 있으며, 콘드로이틴황산을 함유한 콜라겐(collagen)성분이 풍부하여 피부를 매끄럽고 탄력 있게 하며 노화방지에 효과가 있다.

닭다리의 경우 다른 부위의 살코기보다 지방과 무기질, 황화합물의 함량이 높아 적색육에 가까운 색을 나타내며 이 때문에 닭다리 특유의 맛을 나타낸다.

안심부위는 지방이 거의 없어 담백하고 부드러운 맛이 특징이다.

닭뼈를 이용한 육수는 담백한 맛으로 서양의 콩소메를 만들 때 많이 사용한다. 한방음식에서 닭고기는 따뜻한 성질의 식품으로 열이 많은 사람이 먹는 것은 주의하고, 한약을 먹을 때 돼지고기와 같이 금기식품으로 되어 있다.

3. 음식궁합

YES

청경채 : 닭고기와 청경채는 함께 섭취할 경우 위장의 기능과 컨디션을 조절해 주고 변비 해소에 좋다.

인삼 : 인삼은 닭고기의 누린내를 없애줄 뿐 아니라 모자란 영양성분을 보충해 주는 역할을 한다.

해삼 : 해삼을 같이 요리하면 해삼에도 인삼과 같은 사포닌성분이 있어 항암작용을 한다.

동충하초 : 동충하초와 같이 하면 식욕이 떨어진 경우나 스트레스 완화에 도움을 준다.

4. 재료이야기

1) 종류

- 육계 : 고기 생산을 주목적으로 하는 품종으로 중량이 평균 1.6~2.0kg이며 부화된 지 30일 정도 되는 것으로 일반적으로 가장 많이 이용된다. 고기의 질과 양은 좋지만 알을 잘 낳지 않는다.
- 산란계 : 달걀 생산을 주목적으로 하는 것으로 일 년에 220~250개 정도로 3년간 알을 낳으면 고기로 이용된다.
- 난육겸용 : 고기와 달걀을 동시에 얻기 위한 품종이다.
- 애완용 : 소형 개량종이 많으며 싸움닭도 여기에 속한다.

2) 재료 구입법

신선한 닭고기는 살이 단단하고 광택이 있으며 탄력성이 있는 것으로 지방이 많은 것은 피하도록 한다. 색은 분홍빛이나 크림색이 도는 것이 좋으며, 겉껍질에 털구멍이 울퉁불퉁하고, 날개나 등뼈, 다리 등이 굽지 않고 보기에 좋은 것이 좋다.

냉동 유통 닭보다는 냉장 유통되는 닭을 고르는 것이 좋다.

3) 재료 보관법

닭고기는 수분 함량이 많아 부패하기 쉬우므로 냉장보관하고 오랜 기간 보관할 때는 -5~-15℃에서 냉동하여 동결상태를 유지할 수 있는 온도에서 저장하는 것이 좋다.

5. 맛있는 조리방법

- 닭볶음 : 닭을 작게 토막 쳐서 불고기양념과 새우젓으로 재웠다가 볶는다. 거의 다 볶아졌으면 풋고추를 넣고 다시 살짝 볶는다.
- 초계탕 : 삶아서 가늘게 찢어 무친 닭고기를 오이, 해삼, 버섯, 묵 등과 함께 그릇에 담고 차가운 닭고기 국물을 새콤하게 하여 넣는다.
- 닭고기깻잎꼬치 : 냄비에 소스 재료를 넣고 센 불에서 끓이다가 중불에서 조린 뒤 양파와 생강은 건져낸다. 깻잎과 안심은 2등분하는데 안심에만 칼집을 낸다. 그릇에 칼집 낸 닭 안심과 약간의 소스를 넣고 버무려 5분간 재워둔다. 팬을 달궈 기름을 두르고 재운 닭 안심을 구운 후 접시에 옮겨 식힌다. 닭 안심이 식으면 깻잎을 말아 꼬치에 끼워 소스를 발라 먹는다.
- 궁중찜닭: 닭을 삶아 고기를 찢고 소금, 다진 파, 마늘, 참기름, 후춧가루로 양념한다. 닭 삶은 육수에 버섯과 양념한 닭살을 넣고 끓이다 달걀을 풀어 줄알을 친다.

초계탕

이것이 궁금해요?

Q 한약을 먹을 때 왜 닭고기를 금기시할까요?

A 평상시 열이 많고 피부에 염증이 있거나, 발열성 질환이 있을 때는 닭고기의 섭취를 삼가야 해요. 특히 한약을 먹을 때에는 닭고기를 절대 금기시하는데, 사실상 살코기와는 별 상관이 없어요. 우리 민족은 채식 위주의 식습관으로 동물성 단백질의 섭취가 어려워 보약을 먹을 때 닭고기를 먹으면 혹시 속이 거북하거나 설사를 일으킬 수 있어서 닭고기를 삼갔지요. 그러나 닭고기의 지방분이 몸안에서 보약의 유효성분과 배합되면 다른 물질로 바뀌어 약의 효능을 약화시키거나 부작용을 일으킬 우려가 있으므로 조심하는 것이 좋습니다.

재미있는 음식이야기

• 혁거세왕의 신화 속 닭이야기

'육부(六腑)'의 사람들이 임금을 세울 의논을 하고 있었다. 마침 이날 사량리 알영정가에서는 계룡이 나타나 왼편 갈비에서 동녀를 낳았으니, 자태와 얼굴은 아름다우나 입술이 닭 부리 같아 월성 북천에서 목욕을 시켰다. 그랬더니 곧 부리가 떨어졌고 훗날 혁거세왕의 왕비가 되었다. 왕이 밤중에 금성 시림 숲 속에서 닭 우는 소리를 듣고 날이 밝자마자 호공을 보내어 이를 살피도록 했다. 호공이 시림에 다다라 보니, 금빛의 작은 궤짝이 나뭇가지에 달려 있고, 흰 닭이 그 아래서 울고 있었다. 사실을 들은 왕이 그 궤짝을 가져와 열어보게 했는데, 용모가 뛰어난 조그마한 사내아이가 그 속에 들어 있었다.

왕은 하늘이 그에게 내려 보낸 것이라며 기뻐하여 거두어 길렀으니, 그 아이는 자람에 따라 더욱 총명해지고 지략이 뛰어나 그 이름을 '알지'라 했다. 또 금빛 궤짝에서 나옴을 연유로 성을 '김씨'라 부르고, 발견되었던 장소인 시림을 고쳐 '계림'이라 이름하였으며 이로써 국호를 삼았다. 훗날 혁거세 왕이 된다.

이처럼 혁거세 왕의 탄생신화에 닭이 등장할 정도로 신라에서 닭이 신성시되었음을 미루어 보아 이미 신라시대에 닭이 사육되고 있었음을 유추해 볼 수 있다.

비타민 B1이 풍부한 돼지고기 (Pork)

1. 역사이야기

돼지고기는 포유류 멧돼지과의 가축을 길들여 도축하여 얻은 고기이다. 돈육(豚肉), 제육(豬肉, 저육)이라고도 한다. 세계적으로 돼지를 가축으로 기른 역사는 오래되었는데, 약 9000년 전 중국과 근동지역에서 시작하여 동남아시아에서는 약 4800년 전, 유럽에서는 약 3500년 전부터 가축화하였다. 그러나 이슬람교와 유대교를 믿는 사람의 경우는 돼지를 불결한 동물로 여겨 먹지 않는다. 우리나라에서는 김해의 패총에서 돼지 이빨이 많이 나오고『후한서(後漢書)』에 "한(韓)이나 부여가 소와 돼지를 잘 기른다"는 기록으로 보아 삼국이 성립되기 이전에 돼지를 가축화하여 식용한 것으로 보인다. 토종돼지의 경우 검은색으로 체격이 작고 성장이 느려 수익이 적고 유통량도 적다. 서양의 요크셔를 비롯한 다양한 품종이 사육되면서 연분홍의 흰색 돼지들이 대량 유통되고 있다.

다른 가축과 달리 오직 고기만 얻기 위해 사육하는 돼지의 경우 번식이 매우 빠른데 생후 8개월이 되면 번식이 가능하고 임신기간이 114일로 짧고 한번에

돼지고기의 철(Fe)은 체내 흡수율이 높아 빈혈을 예방하고 비타민 B_1은 동물성 식품 중에 함량이 가장 많아 쇠고기의 15배나 들어 있다.

8~12마리 정도의 새끼를 낳는다. 고기 이외에도 햄, 소시지, 베이컨 등으로 가공하여 먹기도 한다. 탄광근로자들이 먼지가루를 씻어내기 위해 먹던 삼겹살이 90년대 들어 일반인들에게도 인기가 높아지며 삼겹살 이외의 다른 부위의 고기 재고량이 높아지자 햄과 소시지의 개발로 이어졌다.

2. 영양과 효능

돼지고기는 삼겹살을 제외하면 고단백, 저지방 식품이라 할 수 있다. 단백질의 경우 필수아미노산 8가지를 함유하고 있어 완전단백질 식품이라고 할 수도 있다. 지방의 경우에도 콜레스테롤의 증가를 억제하는 스테아린산이 풍부하고, HDL콜레스테롤 함량이 높아 적당히 섭취하면 건강에 좋다고 할 수 있다. 또한 철, 인, 비타민 B_1 등이 풍부한데 돼지고기의 철(Fe)은 체내 흡수율이 높아 빈혈을 예방하고 비타민 B_1은 동물성 식품 중에 함량이 가장 많아 쇠고기의 15배나 들어 있다.

『동의보감(東醫寶鑑)』에 의하면 "돼지고기는 허약한 사람을 살찌우게 하고 음기를 보하며 성장기의 어린이나 노인들의 허약을 예방하는 데 좋은 약이 된다"고 하였다.

속설에 의하면 돼지고기가 미세먼지를 배출해 주는 효과가 있으므로 황사철이나 광산에서 일하는 광부들이 먹으면 좋다고 하며 그 근거로 돼지기름의 녹는점이 낮아 몸속에서도 액체상태로 중금속 배출을 돕는다고 하였으나 이는 과학적으로는 근거가 없다고 한다. 그러나 양돈협회 등에서 관련 연구를 지속적으로 하고 있다.

지금은 황사가 오면 돼지고기를 먹으라고 하는데 돼지고기의 지방에는 중금속을 흡착해서 배설

『동의보감(東醫寶鑑)』에 의하면 "돼지고기는 허약한 사람을 살찌우게 하고 음기를 보하며 성장기의 어린이나 노인들의 허약을 예방하는 데 좋은 약이 된다"고 하였다.

시키는 작용이 있기 때문이다. 봄의 불청객 황사는 그 속에 수은, 납, 비소 등의 중금속이 있어 중추 신경을 마비시키는 심각한 질병으로 이어질 수 있는데 탄광촌 사람들이나 이사하는 날 돼지고기를 빠뜨리지 않고 먹는 이유가 여기에 있다. 이외에도 돼지고기의 지방을 낮추어주는 음식으로 와인, 녹차, 김치와 같이 먹으면 좋다.

3. 음식궁합

YES

상추: 상추의 식이섬유소가 돼지고기의 콜레스테롤이 체내로 흡수되는 것을 억제시키고 비타민 C와 베타카로틴 등의 섭취량을 높일 수 있다.

마늘 : 마늘의 알리신(allicin)과 황화아릴(arylsulfid)성분이 돼지고기에 많은 비타민 B_1이 체내에서 활성되는 것을 도와준다.

와인 : 돼지고기를 와인에 재워 사용하면 육질이 부드러워지고 돼지고기 누린내가 없어지며 소화도 좋아진다.

새우젓 : 새우젓에는 단백질과 지방분해의 소화분해효소 함량이 높아 돼지고기 소화에 도움을 준다.

녹차 : 녹차의 카데킨성분과 식이섬유가 돼지고기의 지방 흡수율을 낮출 수 있다.

4. 재료이야기

1) 종류

돼지고기는 안심, 등심, 목심, 갈비, 삼겹살, 사태, 앞다리, 뒷다리 부위로 나눠지며 내장 부위로는 혀, 간, 위, 염통 등이 쓰이고 족발을 삶아서 조리하여 먹는다.

2) 재료 구입법

신선한 돼지고기는 전체적으로 연한 핑크빛이 돌면서 탄력이 있으며 윤기 있는 것으로 근육 사이사이에 흰색의 지방으로 된 대리석 무늬가 뚜렷하며 마블링되어 있는 것이 좋다. 고기색이 검붉거나 지방이 물렁거리거나 냄새가 나고 표면에 끈적한 점액질이 있는 것은 좋지 않다. 암퇘지는 살이 많고 고기와 지방의 비율이 알맞으며 지방의 질이 좋으나 수퇘지는 성숙기에 누린내가 나고 근섬유가 거칠고 딱딱하다. 이를 없애기 위해 생후 2~3주가 되면 거세를 하기도 한다.

3) 재료 보관법

돼지고기를 보관할 때는 사용할 양만큼 나누어 2~4℃에서 보관하며 장기보관할 때에는 급랭으로 보관하는 것이 좋다. 다지거나 얇게 썬 돼지고기의 경우 비닐팩에 담아 공기를 완전히 빼서 보관하고, 덩어리 고기라면 압축하거나 식용유를 발라 공기와의 접촉을 막아서 보관한다. 해동할 때에는 냉장온도에서 해동하여 사용하는 것이 좋으며, 돼지고기는 소고기보다 빠른 속도로 부패하기 때문에 보관에 주의해야 한다.

5. 맛있는 조리방법

- 돼지고기쌈냉채 : 돼지고기를 넓게 펴서 팬에 기름을 두르고 지진다. 배, 오이, 당근 등을 길이 5cm의 젓가락 굵기로 썬다. 대파는 채 썰고 무순은 씻어 구워진 고기에 채소를 넣고 돌돌 말아 가운데 겨자즙을 곁들인다.
- 부추영양보쌈 : 돼지고기를 한약재 우린 물에 삶아 얇게 썰어 접시에 담고 부추, 양파, 당근을 채 썰어 겨자간장 소스에 버무려 곁들여 담는다.
- 제육구이 : 돼지고기를 넓적하게 썰어 고추장양념장을 발라 석쇠에 굽는다.

돼지불고기초밥

• 돼지불고기초밥 : 쌀은 청주, 다시마, 물을 넣고 밥을 지어 새콤달콤한 배합초에 비벼 식힌다. 돼지고기는 불고기감으로 썰어 양념에 재워서 굽고, 참나물은 씻어 1cm 길이로 길게 잘라둔다. 초밥은 한입 크기로 꼭꼭 쥐어 위에 와사비를 바르고 참나물, 불고기를 얹고 김으로 띠를 두른다.

이것이 궁금해요?

Q 돼지고기를 왜 완전히 익혀서 먹어야 하나요?

A 돼지고기를 완전히 익히지 않거나 생식했을 경우 기생충 종류인 갈고리촌충과 그 유충인 유구낭미충에 감염될 수 있기 때문인데 예전에는 돼지 축사가 불결하기도 하고 인분을 먹여 키우기도 했기 때문에 기생충에 감염되기 쉬운 환경이었기 때문에 완전히 익혀서 조리하라 하였습니다. 그러나 1980년대 이후 돼지를 키우는 환경이 바뀌었는데 인분을 먹이지 않고 100% 사료를 먹이고 축사의 환경도 청결해졌기 때문에 돼지의 기생충감염은 거의 사라졌다고 보고 있어요. 그러나 기생충 이외에 대장균이나 포도상구균과 같은 식중독균의 오염이 도마나 칼의 위생상태, 불판의 상태에 따라 달라질 수 있으므로 덜 익혀 조리할 경우 좀 더 주의를 기울여야 합니다.

재미있는 음식이야기

• 부여의 건국신화 속 돼지이야기

서기 1세기 중국 후한(後漢)의 사상가 왕충(王充)이 쓴 『논형(論衡)』에는 "옛날 북방에 탁리국(櫜離國)에서 왕의 시녀가 아이를 낳았는데, 왕이 아이를 죽이려고 돼지우리에 버렸으나, 돼지가 입김을 불어넣어 죽지 않았다"는 부여의 건국신화가 기록돼 있다. 탁리국(櫜離國)의 돼지가 살려준 아이가 곧 부여(夫餘)를 건국한 동명(東明)이다. 부여의 건국신화와 유사한 고구려의 건국신화에도 부여국의 돼지가 등장한다. 부여는 돼지와 깊은 인연을 가진 나라였다. 부여는 말, 소, 개, 돼지 등의 이름을 따서 마가(馬加), 우가(牛加), 구가(狗加), 저가(豬加)의 관명(官名)을 만들었는데, 이 가운데 돼지이름을 딴 저가(豬加)가 있으며 가축을 잘 기르는 나라로 알려졌다. 부여 관련 기록에 돼지가 자주 등장하는 것은 부여 지역이 돼지를 키우기에 적합했기 때문이다.

• 돼지와 도토리

사람과 함께 곡류를 주식으로 하는 돼지를 사육하면 먹이를 주기가 쉽지 않았기에 상수리나무 아래 철책을 치고 돼지를 키웠는데 이는 돼지가 상수리 열매인 도토리를 좋아했기 때문이다. 예전에는 돼지를 '돝'이라 하여 돼지가 먹는 밤 '돝의 밤'이란 뜻으로 도톨밤에서 도토리라는 이름이 유래했다고 한다.

저자소개

윤숙자

- 2002 한국농식품 수출기여, 대통령훈장
- 2007 남북 정상회담 만찬 자문위원
- 대한민국 한류 대상 전통문화 대상 수상〈한식 부문〉
- Korea CEO 대상〈전통음식 발전 부문〉
- 現) 韓國傳統飮食硏究所 所長
  韓食財團 4代 理事長

최은희

- 세종대학교 조리외식학 박사
- 現) 수원과학대학교 글로벌한식조리과 교수

식품재료의 모든 것

2016년 11월 10일 초판 1쇄 인쇄
2016년 11월 15일 초판 1쇄 발행

지은이 윤숙자 · 최은희
펴낸이 진욱상
펴낸곳 백산출판사
교 정 편집부
본문디자인 오정은
표지디자인 오정은

저자와의 합의하에 인지첩부 생략

등 록 1974년 1월 9일 제1-72호
주 소 경기도 파주시 회동길 370(백산빌딩 3층)
전 화 02-914-1621(代)
팩 스 031-955-9911
이메일 edit@ibaeksan.kr
홈페이지 www.ibaeksan.kr

ISBN 979-11-5763-303-6
값 25,000원